Einstern

Mathematik für Grundschulkinder

2

Themenheft 1

Zahlen und Operationen
Zahlen bis 100
Sachsituationen

Raum und Form

Erarbeitet von
Roland Bauer
Jutta Maurach

In Zusammenarbeit
mit der
Cornelsen Redaktion
Grundschule

Cornelsen

Einstern 2

Mathematik für Grundschulkinder
Themenheft 1
Zahlen und Operationen
Zahlen bis 100
Sachsituationen
Raum und Form

Erarbeitet von: Roland Bauer, Jutta Maurach
unter Beratung von: Meike Erben, Claudia Wendl (Straubing); Andrea Heindl, Mechtild Schmidt, Tanja Trompetter (Hof); Andrea Koch, Ulrike Schmucker (Schrobenhausen); Evelyn Leipold, Katrin Mayer (Bruckmühl-Heufeld); Anissa Marino, Elke Weidl (Bayreuth); Claudia Lihring, Alexandra Parzefall (Bach a. d. Donau)
Redaktion: Peter Groß, Anja Augustin, Uwe Kugenbuch, Friederike Thomas
Layout und technische Umsetzung: lernsatz.de
Illustration: Yo Rühmer
Illustration der Geldscheine und Münzen: Christine Wächter
Umschlaggestaltung: Ulrike Kuhr

Pflichtseiten
Wahlseiten
Handlungshinweis
besprechen mit einem Partner
besprechen in der Gruppe
Weitere Hinweise für die Lehrkraft befinden sich auf der hinteren (inneren) Umschlagseite.

Aufgaben mit unterschiedlichen Anforderungsniveaus:
1 ausrechnen, ausführen, wiedergeben
d) Teilaufgabe mit erhöhter Anforderung
1 erkennen, fortsetzen, anwenden
1 Lösungswege selbst entwickeln, darstellen, begründen und übertragen
→ AH Seite … Hinweis auf die passende Seite im Arbeitsheft
Aufgaben, die du in deinem Heft löst

www.cornelsen.de

1. Auflage, 8. Druck 2021

Alle Drucke dieser Auflage sind inhaltlich unverändert und können im Unterricht nebeneinander verwendet werden.

Druck: Athesiadruck GmbH

ISBN 978-3-06-083465-5
ISBN 978-3-06-080233-3 (E-Book: alle Themenhefte Einstern 2)

Bildnachweis

37 Paul Klee, Burg und Sonne, 1928, akg-images/Erich Lessing

Inhaltsverzeichnis

… und ich helfe dir:

schreiben

denken

erkennen

verstehen

Zehnerzahlen in Zehnerstangen erkennen und darstellen

1 Suche dir ein anderes Kind. Es nennt dir Zehnerzahlen, die du mit Zehnerstangen legst.

2 Schreibe zu jedem Bild die passende Zehnerzahl auf.

a) 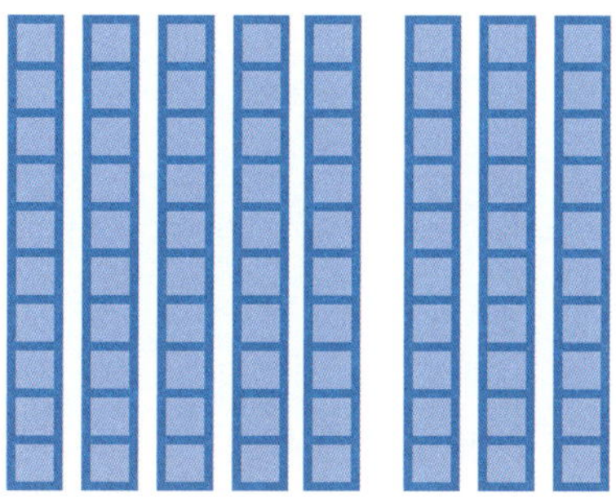

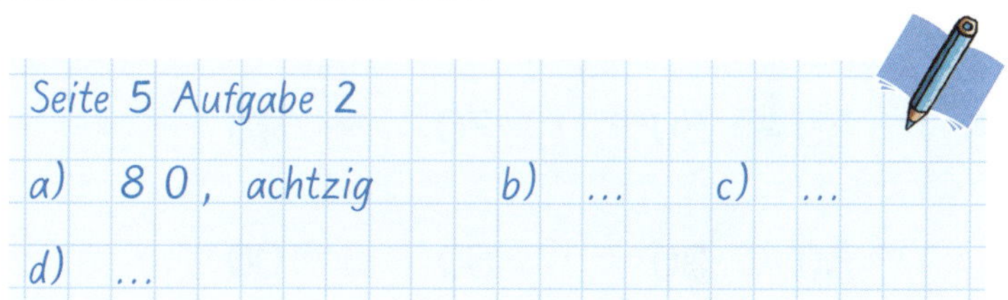

b) 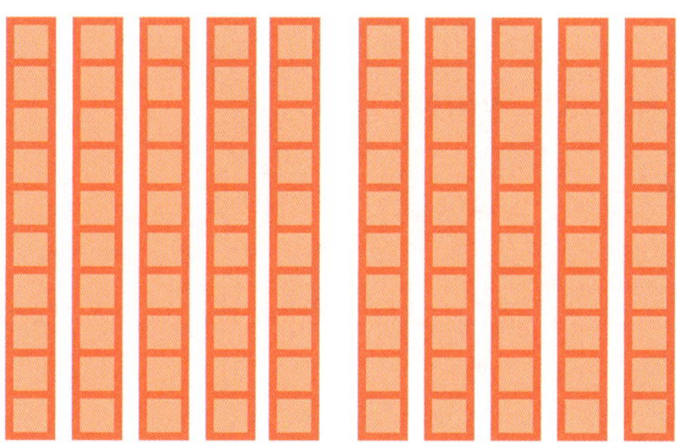

c) 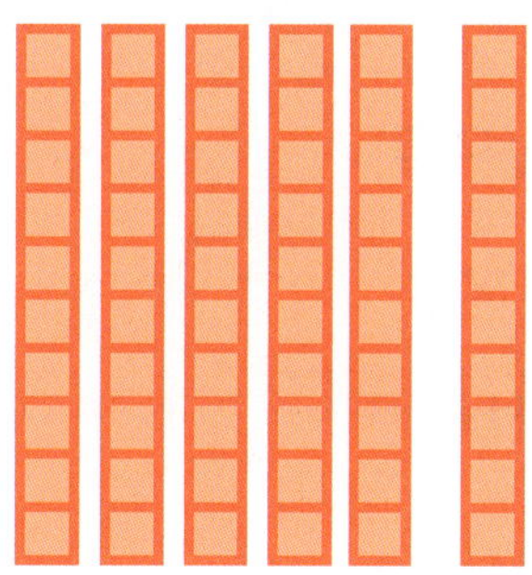

d) 

3 Zeichne die Zehnerstangen.

a)	b)	c)
20	30	50
70	90	40
60	80	100

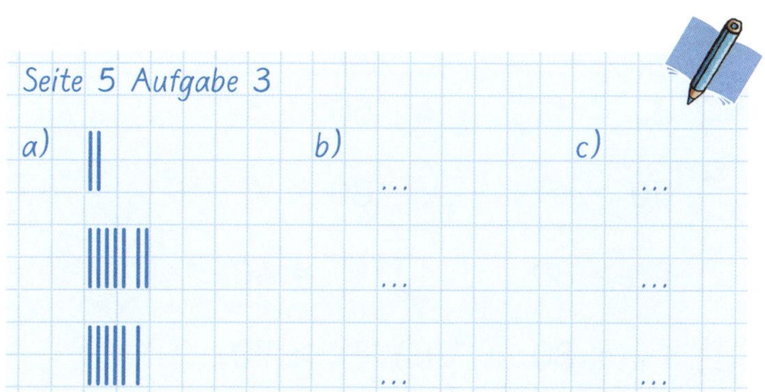

→ AH Seite 4

* nutzen planvoll und systematisch die Struktur des Zehnersystems (Bündelung)
* erkennen und nutzen die Zehnerstruktur, um Mengen schnell zu erfassen

Zehnerzahlen vergleichen

1 Suche dir ein anderes Kind. Legt abwechselnd Zahlen und passende Zeichen.

2 Setze die Zeichen <, > oder = passend ein.

a) ||||| ● ||| b) || ● |||||

c) ||||| | ● |||| d) ||||| ● |||||

e) 80 ● 50 f) 70 ● 90

g) 50 ● 30 h) 60 ● 100

Seite 6 Aufgabe 2

a) ||||| > ||| b) ...

c) ... d) ...

e) 8 0 > 5 0 f) ...

g) ... h) ...

3 Setze die Zeichen < oder > passend ein.

a) dreißig ● zwanzig

b) achtzig ● sechzig

c) siebzig ● achtzig

d) zwanzig ● siebzig

Seite 6 Aufgabe 3

a) dreißig > zwanzig

b) ...

c) ...

d) ...

4 Setze passende Zahlen ein.

a) 30 < ■ b) 50 < ■

c) 60 > ■ d) 80 < ■

e) ■ > 30 f) ■ = 40

g) ■ < 80 h) ■ > 70

Seite 6 Aufgabe 4

a) 3 0 < ... b) ...

c) ... d) ...

e) ... f) ...

g) ... h) ...

* vergleichen Zehnerzahlen unter Verwendung der Begriffe „ist kleiner als“, „ist größer als“ und „ist gleich“
* verwenden die entsprechenden Relationszeichen richtig

1 Suche dir ein anderes Kind. Nehmt euch Plättchen oder Steckwürfel. Legt eine große Menge davon aus. Schätzt zuerst die Anzahl. Zählt dann nach. Nehmt auch andere Dinge.

2 Rechts und links sind jeweils gleich viele Dinge abgebildet. Schätze immer zuerst die Anzahl in dem linken Feld. Bestimme dann die Anzahl durch Zählen im rechten Feld.

a)

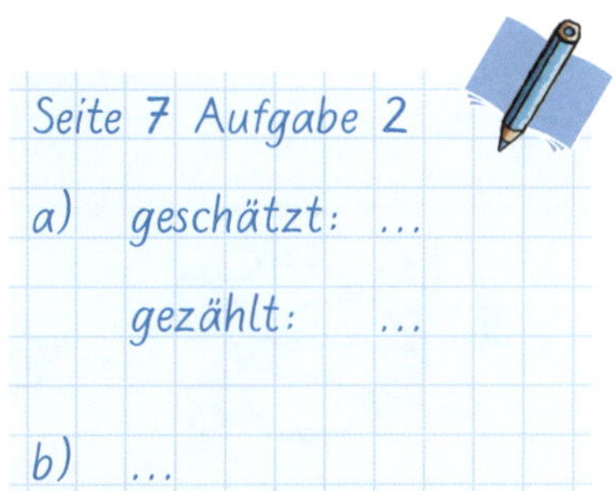

b)

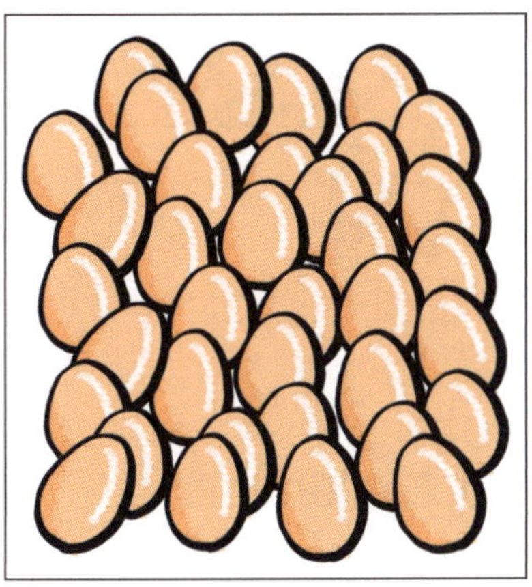

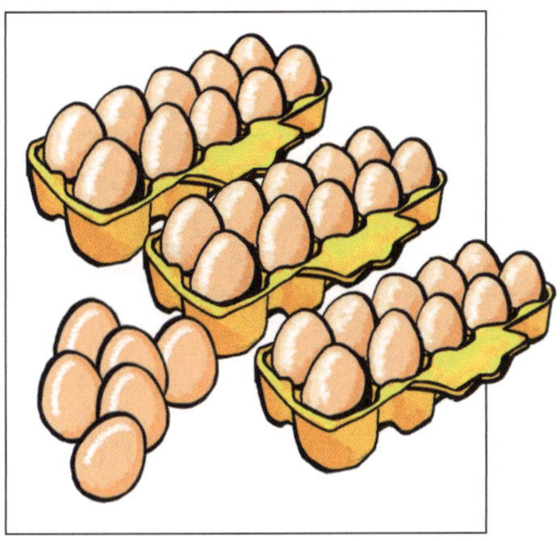

1 Schätze bei jeder Abbildung die Anzahl der Bonbons.
Zähle anschließend die Bonbons.

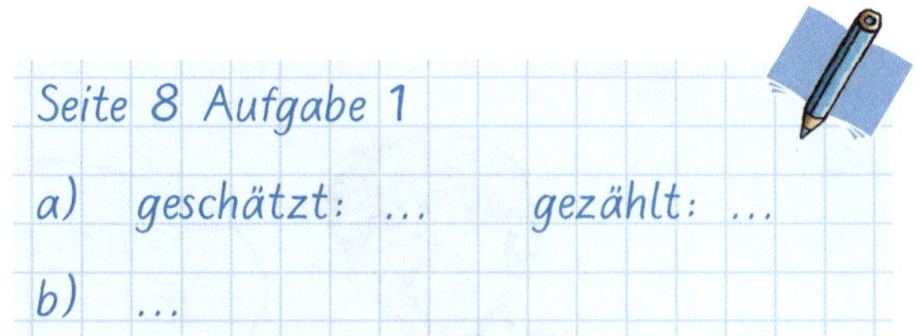

a)

b)

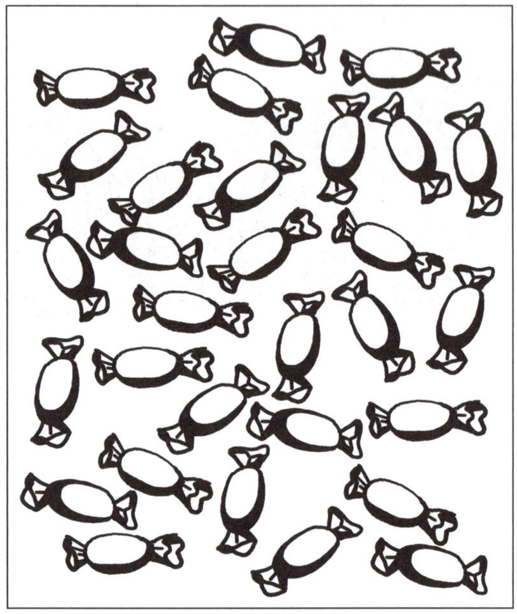

c)

d)

e)

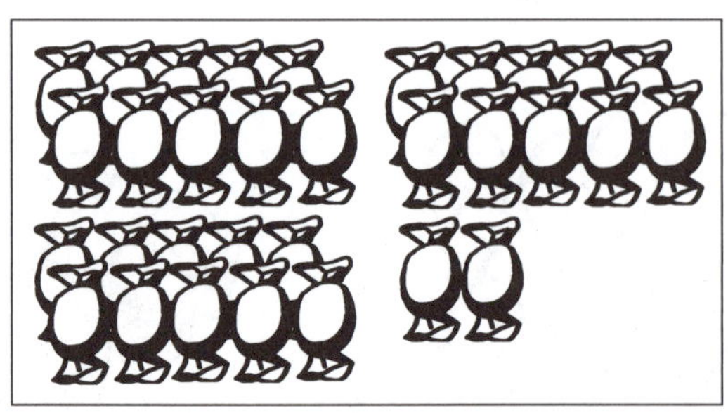

2 Bei welchen Abbildungen fiel dir das Schätzen und Zählen leicht?
Besprich deine Erfahrung mit einem anderen Kind.

* entwickeln Strategien beim Schätzen größerer Anzahlen
* erkennen und nutzen die Fünfer- und Zehnerstruktur, um Mengen schneller zu erfassen
* bearbeiten Aufgabenstellungen gemeinsam und setzen eigene und fremde Erfahrungen in Beziehung

Unterschiedliche Darstellungen von Zahlen verstehen

1 Die Kinder zählen an verschiedenen Straßen im Ort, wie viele Autos zwischen 13 Uhr und 14 Uhr dort fahren. So sehen ihre Notizen aus:

Meral 

Tim 

Lea 

Sofie 

Anne 10 10 10 10 10 3

Maja 

Janek 

Schreibe auf, wie viele Autos jedes Kind gezählt hat.

Seite 9 Aufgabe 1
Meral: 38, Tim: ..., ...

2 Wähle eine Zahl zwischen 20 und 100.
Stelle sie so wie eines der Kinder dar.
Wähle die Darstellung, die dir am besten gefällt.
Sprich mit einem anderen Kind darüber.

Seite 9 Aufgabe 2
...

3 Überlege mit einem anderen Kind, wie viele Autos auf der Straße vor eurer Schule innerhalb einer Stunde vorbeifahren. Begründet eure Vermutung.

* erkennen und nutzen die Fünfer- und Zehnerstruktur, um Mengen schneller zu erfassen
* führen Zahldarstellung ineinander über
* finden mathematische Lösungen zu Sachsituationen

1 Zähle die Einer und Zehner. Bestimme dann die Anzahl.

a)

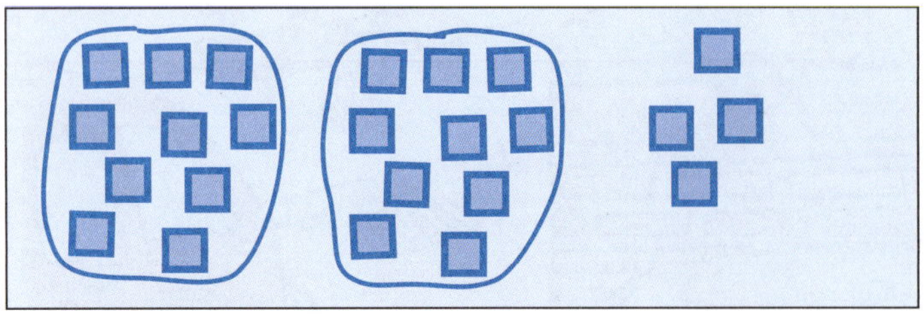

Seite 10 Aufgabe 1

a)

Z	E
2	4

2 0 + 4 = 2 4

b)

Z	E

...

b)

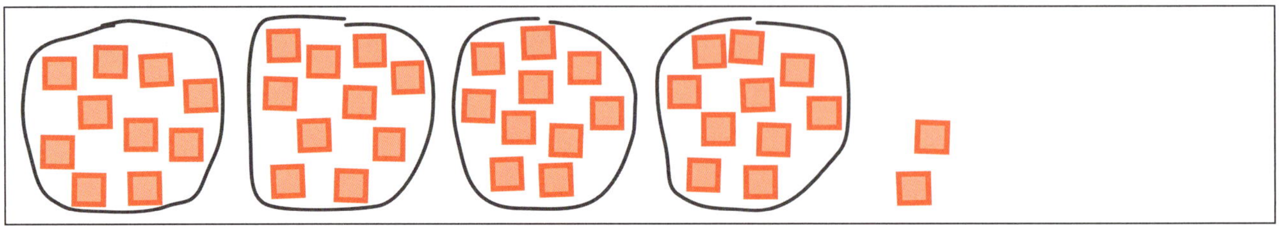

c)

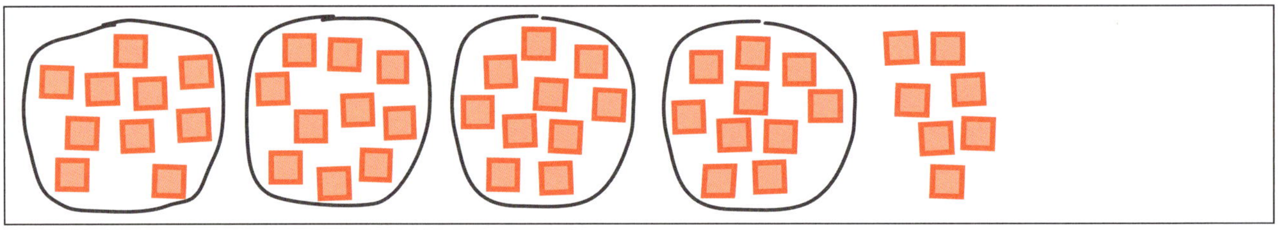

d)

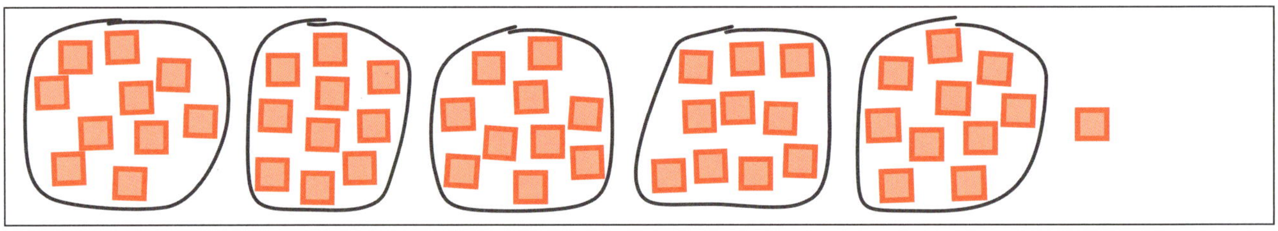

2 Stelle die Zahl als Plusaufgabe dar.

a)

Z	E
2	6

b)

Z	E
3	2

c)

Z	E
5	1

d)

Z	E
4	5

e)

Z	E
8	7

f)

Z	E
7	6

g)

Z	E

h)

Z	E

Seite 10 Aufgabe 2

a) 2 0 + 6 = 2 6

b) ...

⋆ wechseln zwischen verschiedenen Zahldarstellungen und erläutern Gemeinsamkeiten
⋆ stellen Zahlen im Zahlenraum bis 100 unter Anwendung der Struktur des Zehnersystems dar

→ AH Seite 5

Zahlenbilder mit Zehnerstangen und Einzelnen kennenlernen

1 Suche dir ein anderes Kind. Legt euch gegenseitig Zahlen aus Zehnerstangen und einzelnen Würfeln. Sprecht wie Tim.

2 Schreibe zu jedem Bild die passende Zahl auf.

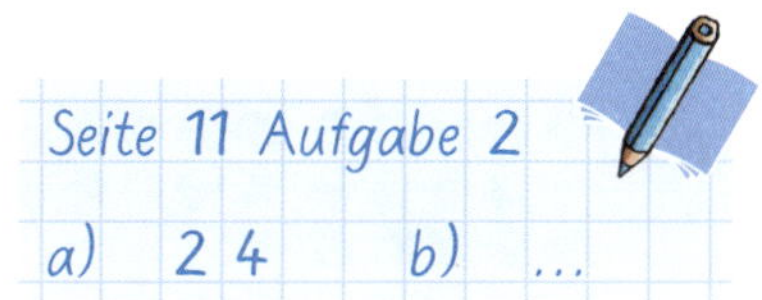

a) 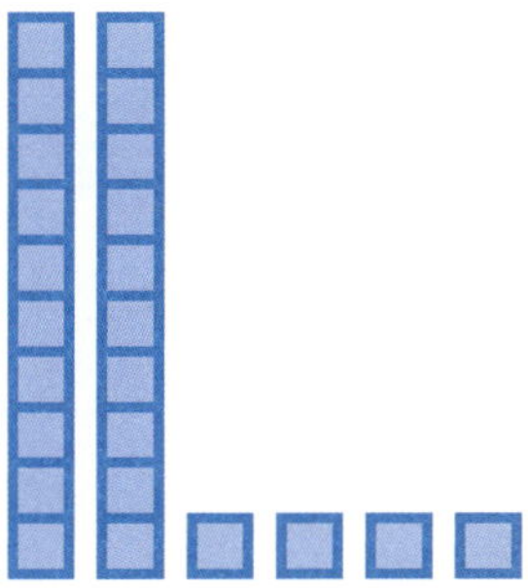

b) 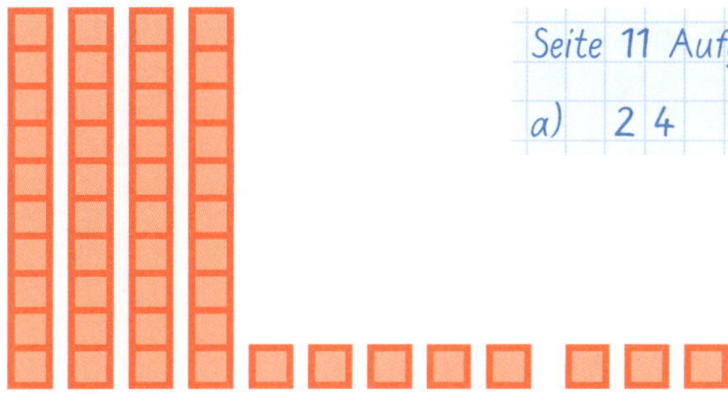

c) 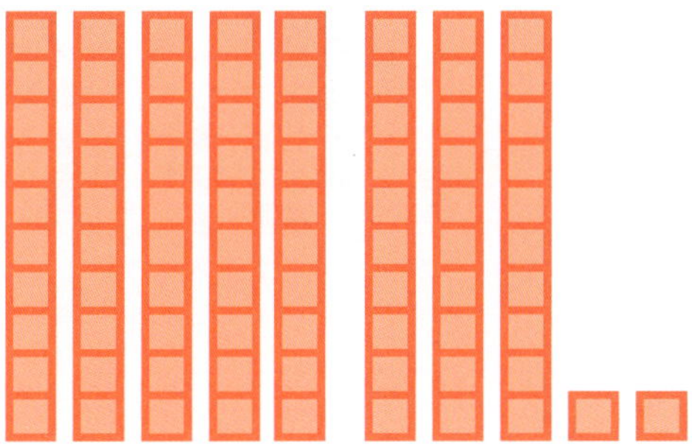

d) 

e) 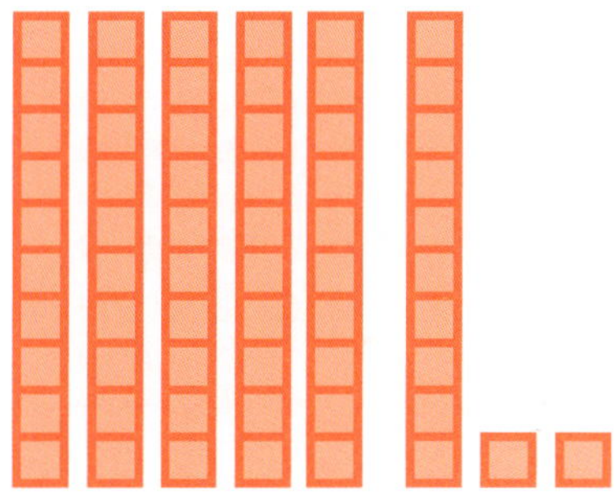

f) 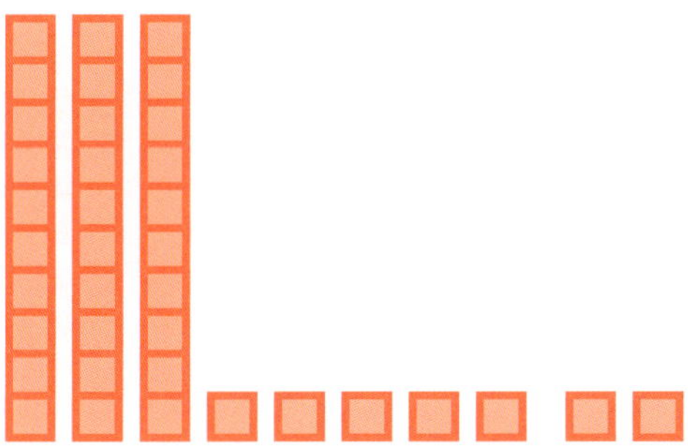

g) 

h) 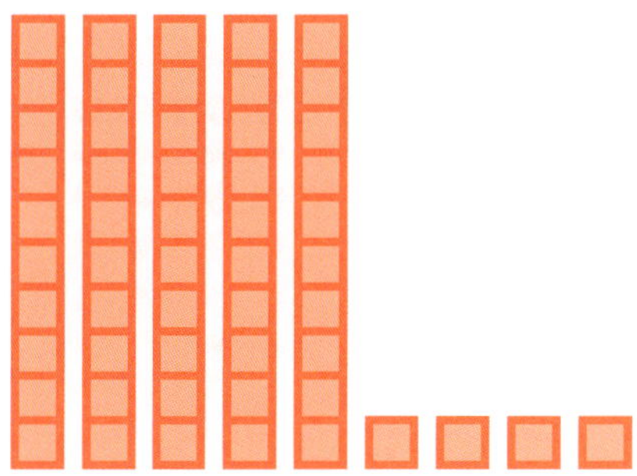

3 Zeichne zu diesen Zahlen Bilder.

a) 35 b) 76

c) 57 d) 93

e) ▢ f) ▢ oder …

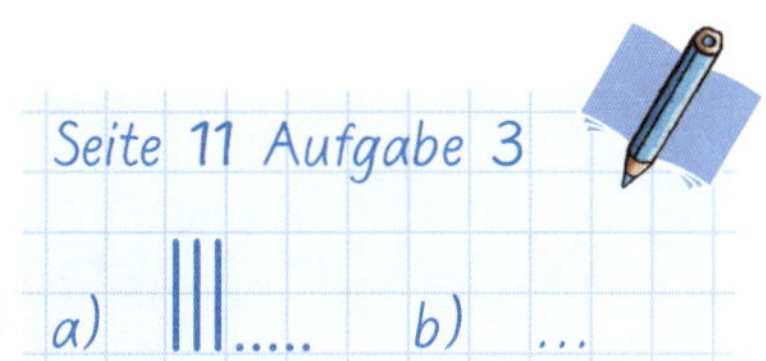

Punktebilder auf einen Blick erkennen

1 Schreibe zu jedem Punktebild die passende Zahl auf.

a) 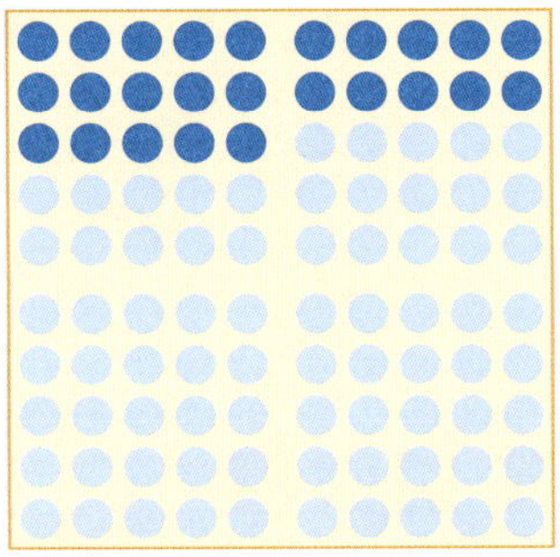

b) 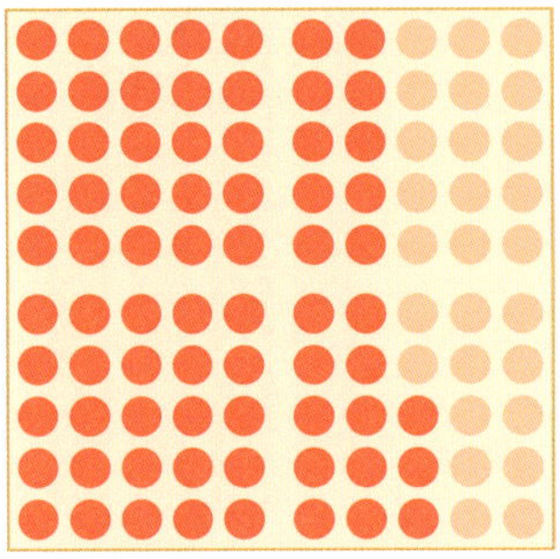

Seite 12 Aufgabe 1
a) 25 b) ...

c) 

d) 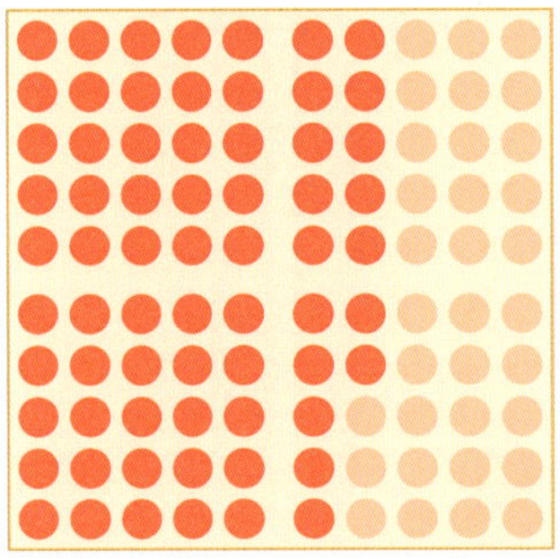

e) 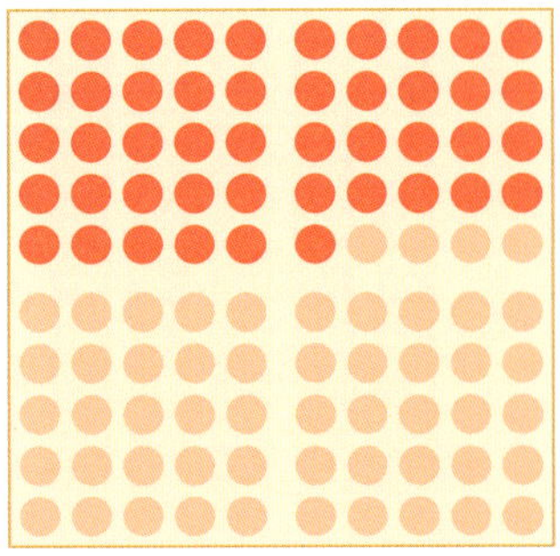

f) 

g) 

h) 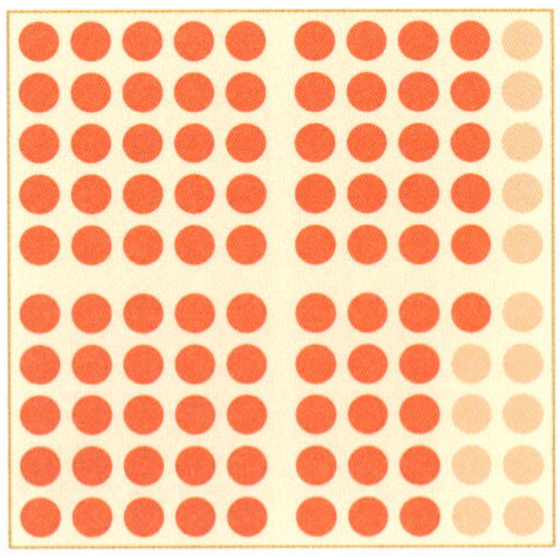

2 Lege selbst Punktebilder.

a) 28 b) 54 c) 32
d) 73 e) 41 f) 25
g) ■ h) ■ i) ■

* erkennen und nutzen die Fünfer- und Zehnerstruktur, um Mengen schneller zu erfassen
* wechseln zwischen verschiedenen Darstellungsformen
* übertragen bekannte Zahldarstellungen mit strukturiertem Material auf den erweiterten Zahlenraum

Geldbeträge legen und ermitteln

1 Suche dir ein anderes Kind. Legt euch gegenseitig Geldbeträge in € und ct. Bestimmt dann den Betrag.

2 Schreibe auf, wie viel Euro jedes Kind hat.

Lea

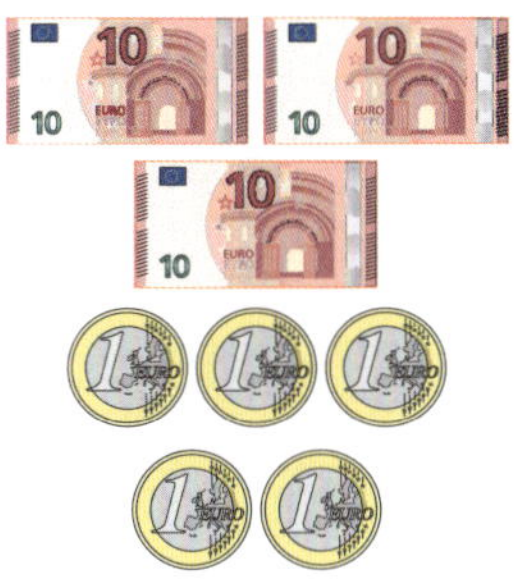

Paul

Tom

Seite 13 Aufgabe 2
Lea: 3 5 €
Paul: ...
⋮

Sofie

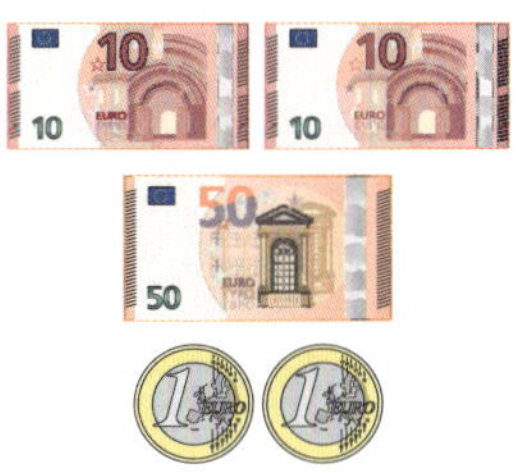

Maja

Lisa

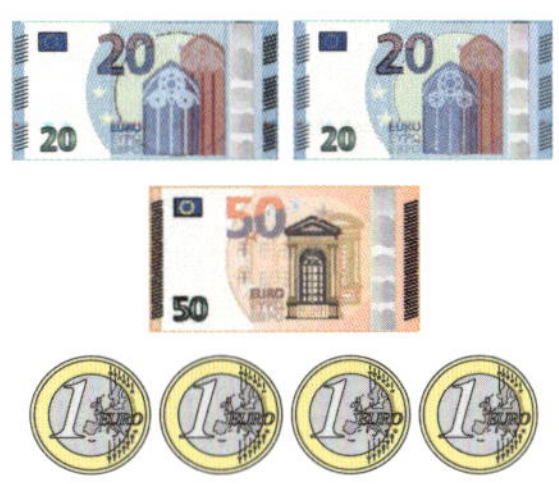

3 Schreibe auf, wie viel Cent jedes Kind hat.

Tim

Anne

Ole

Seite 13 Aufgabe 3
Tim: 3 5 ct
Anne: ...
⋮

* wechseln zwischen verschiedenen Darstellungen
* führen Zahldarstellung ineinander über
* bearbeiten Aufgabenstellungen gemeinsam

Zahlen lesen und schreiben

eins | zwei | drei | vier | fünf | sechs | sieben | acht | neun

zehn | zwanzig | dreißig | vierzig | fünfzig | sechzig

siebzig | achtzig | neunzig | einhundert

1 Schreibe die Zahlen in dein Heft.

a) achtundzwanzig b) fünfundsechzig

c) fünfunddreißig d) achtundfünfzig

e) zweiundvierzig f) sechsundachtzig

Seite 14 Aufgabe 1
a) 28 b) ...

2 Schreibe die Zahlen als Zahlwörter.

a) 96 b) 48 c) 76 d) 41

e) 54 f) 28 g) 19 h) 33

Seite 14 Aufgabe 2
a) sechsundneunzig
b) ...

3 Schreibe als Zahl und als Zahlwort.

a)

Z	E
3	7

b) 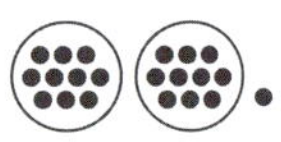

c)

Z	E
6	8

d) 

e) 

f) 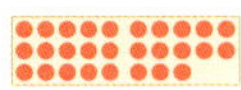

Seite 14 Aufgabe 3
a) 37, siebenunddreißig
b) ...

* wechseln zwischen verschiedenen Zahldarstellungen und erläutern Gemeinsamkeiten und Unterschiede
* übertragen und verknüpfen bekannte Vorgehensweisen auf zweistellige Zahlen im erweiterten Zahlenraum

1 Finde heraus, welche Zahl dargestellt ist. Schreibe sie auf.

a)

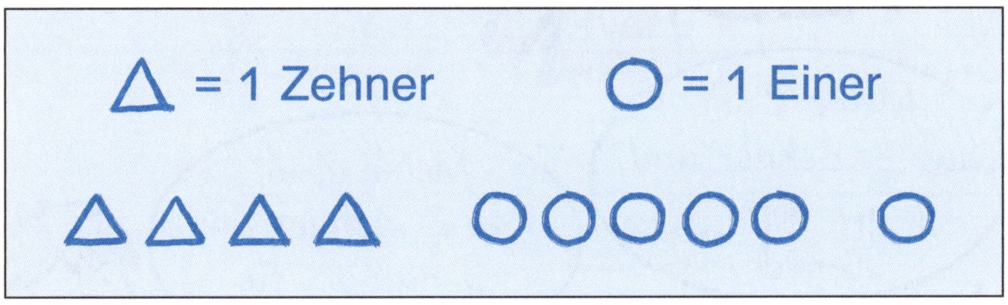

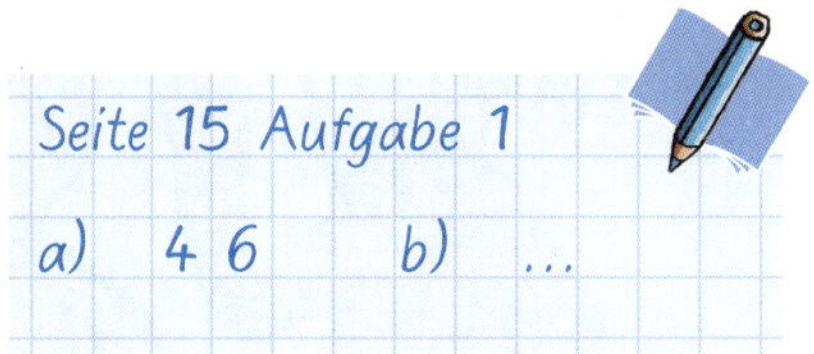

b)

c)

d)

2 Überlege dir selbst Zeichen für Zehner und Einer und zeichne Zahlenbilder als Geheimschrift. Bitte ein anderes Kind, deine Zahlen zu entschlüsseln.

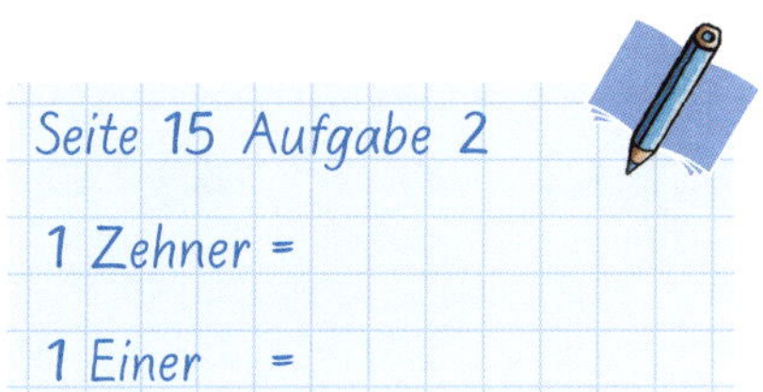

3 Hängt eure Zahlenbilder in der Klasse auf und gestaltet eine Knobelecke.

* erkennen bereits bekannte Strukturen in der Darstellung von ungewöhnlichen Zahlzeichen
* stellen Zahlen durch unterschiedliche Stellenwertsymbole bildlich dar
* finden zu mathematischen Modellen eigene Darstellungsformen und vergleichen sie mit anderen

1 Löse die Zahlenrätsel.
Tipp: Wenn du zuerst Zahlenbilder zeichnest, geht es leichter.

2 Schreibe selbst Zahlenrätsel.
Stelle deine Rätsel einem anderen Kind oder in der Klasse vor. Vergleicht eure Rätsel.

a) 63 b) 48 c) 55 d) 85

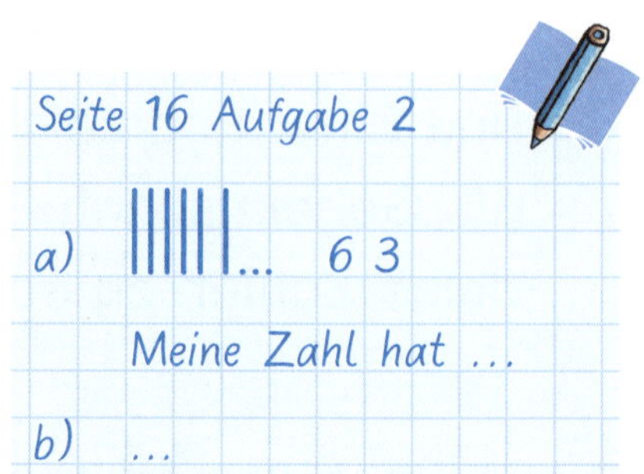

- ★ verwenden bei der Darstellung mathematischer Sachverhalte geeignete Fachbegriffe und Zeichen
- ★ erklären Beziehungen an Beispielen und vollziehen Begründungen anderer nach
- ★ bestätigen oder widerlegen ihre Vermutungen anhand von Beispielen und im Austausch mit anderen Kindern

1 2 5 7 9

a) Wie viele zweistellige Zahlen kannst du mit diesen Ziffernkarten legen? Probiere und schreibe die Zahlen auf.

b) Wie kannst du prüfen, ob du alle gefunden hast?

c) Besprich mit einem anderen Kind, wie du vorgegangen bist.

Seite 17 Aufgabe 1
a) 2 5, 2 7, …
b) …

2 1 2 5 7 9

a) Wie viele zweistellige Zahlen kannst du aus diesen Ziffern zusammensetzen?

b) Wie kannst du prüfen, ob du alle gefunden hast?

c) Besprich mit einem anderen Kind, wie du vorgegangen bist.

Seite 17 Aufgabe 2
a) 1 2, 1 5, …
b) …

3 Lea und Tim haben vier Ziffernkarten. Löse ihre Zahlenrätsel.

Seite 17 Aufgabe 3
a) Tim: … b) …

a) b)

* stellen zunehmend systematisch zweistellige Zahlen mit Ziffernkärtchen dar
* stellen Vermutungen über Zusammenhänge an und überprüfen diese
* nutzen Strukturen zur Anzahlbestimmung und übersetzen Probleme in ein mathematisches Modell

1	2	3	4	5	6	7	8	9	10
11	12	13	14	15	16	17	18	19	20
21	22	23	24	25	26	27	28	29	30
31	32	33	34	35	36	37	38	39	40
41	42	43	44	45	46	47	48	49	50
51	52	53	54	55	56	57	58	59	60
61	62	63	64	65	66	67	68	69	70
71	72	73	74	75	76	77	78	79	80
81	82	83	84	85	86	87	88	89	90
91	92	93	94	95	96	97	98	99	100

1 Suche die Zahlen und schreibe sie in dein Heft.

a) genau unter 65
b) genau über 68
c) rechts von 73
d) links von 97
e) 3 Kästchen unter 42
f) 2 Kästchen über 64
g) 5 Kästchen rechts von 31
h) 4 Kästchen links von 59

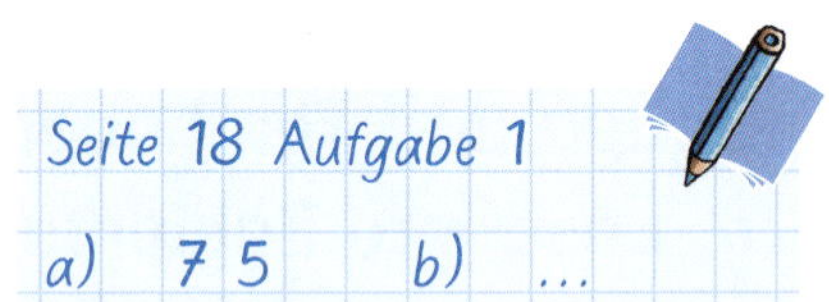

2 Schau dir an, wie die Zahlen in der Hundertertafel angeordnet sind.
Betrachte einzelne Zeilen und Spalten.
Sprich mit einem anderen Kind darüber, was dir auffällt.

* stellen Vermutungen über mathematische Zusammenhänge und Auffälligkeiten an
* bestätigen oder widerlegen ihre Vermutungen anhand von Beispielen und im Austausch mit anderen Kindern

→ AH Seite 6

Zahlen und Wege in der Hundertertafel finden

1 Finde die Zielzahl, indem du den Weg im Kopf gehst. Schreibe die Zielzahl auf.

	Startzahl	Zielzahl		Startzahl	Zielzahl
a)	34 ↓↓↓→→→	▢	b)	88 ←↑↑↑↑→	▢
c)	44 ↓↓↓→→↑	▢	d)	75 ↓→→→→↓	▢

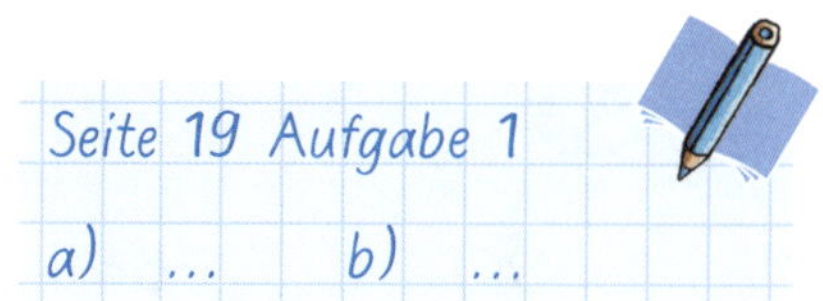

2 Finde einen Weg von der Startzahl zur Zielzahl. Notiere den Weg mit Pfeilen wie in Aufgabe 1.

a) Startzahl 91, Zielzahl 85

b) Startzahl 2, Zielzahl 37

c) Startzahl 19, Zielzahl 71

d) Startzahl 47, Zielzahl 74

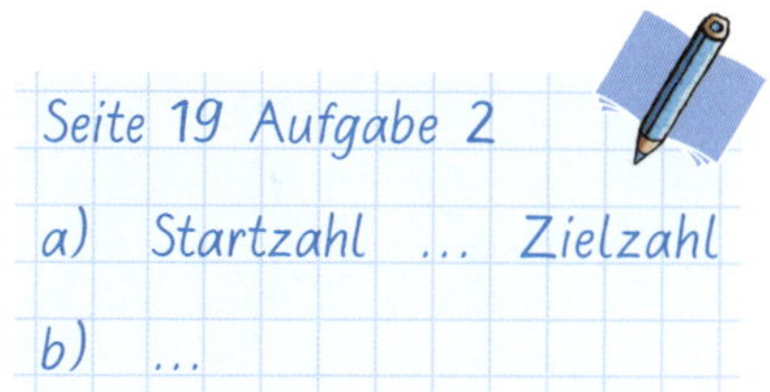

3 Suche dir ein anderes Kind. Vergleicht eure Wege, die ihr für Aufgabe 2 aufgeschrieben habt.

4 Wege in der Hundertertafel

a) Suche dir eine Startzahl und eine Zielzahl aus. Notiere den Weg mit Pfeilen wie in Aufgabe 1.

b) Suche dir ein anderes Kind. Nenne deine Startzahl und beschreibe den Weg. Das andere Kind soll die Zielzahl in der Hundertertafel finden.

c) Stellt euch gegenseitig weitere Aufgaben.

* stellen Zahlen im Zahlenraum bis 100 unter Anwendung der Struktur der Hundertertafel dar
* nutzen die Hundertertafel als Struktur zur Orientierung und Zahlerfassung im Zahlenraum bis 100
* übertragen ihre bisherigen Erkenntnisse und Vorgehensweisen auf ähnliche Sachverhalte

→ AH Seite 7

1 Bestimme die Zahlen, die hinter den Bildern versteckt sind.

1	2	3	4	5	6	7	8	9	10
11	12								

									40
					46				
	52								

								79	
			84						
							98		

Seite 20 Aufgabe 1

B.: 15

M.:

Sch.:

V.:

K.:

W.:

P.:

U.:

E.:

H.:

A.:

I.:

G.:

L.:

2 Suche dir ein anderes Kind.
Stellt euch gegenseitig Aufgaben zur Hundertertafel.

* übertragen ihre bisherigen Erkenntnisse und Vorgehensweisen auf ähnliche Sachverhalte
* finden zu gegebenen mathematischen Modellen passende Fragestellungen und tauschen sich mit anderen Kindern aus

Zahlen am Zahlenstrahl ablesen

1 Schreibe auf, auf welche Zahlen die Pfeile zeigen.

a)

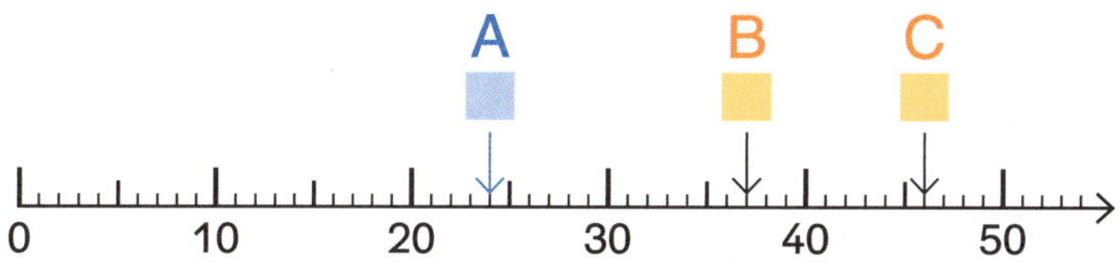

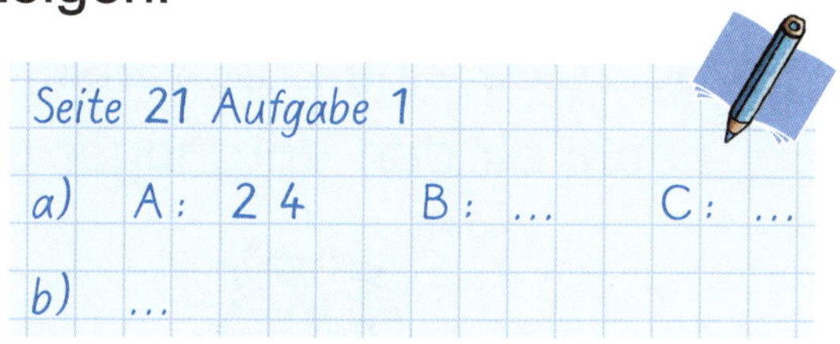

b)

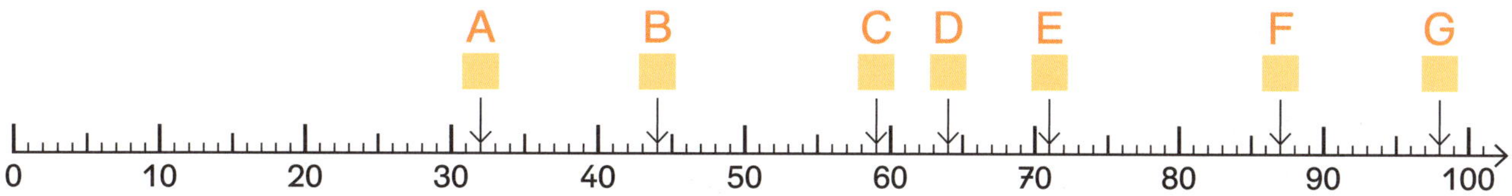

c)

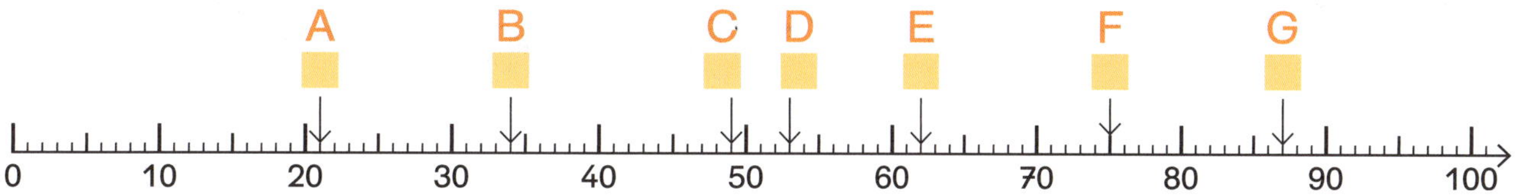

2 Schreibe die Zahlen auf, die in die Kästchen gehören.
Das sind Nachbarzehner.

a)

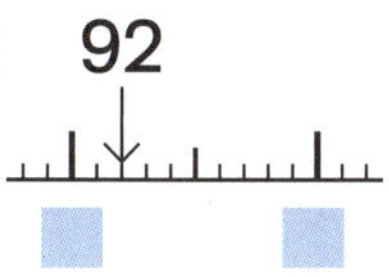

b)

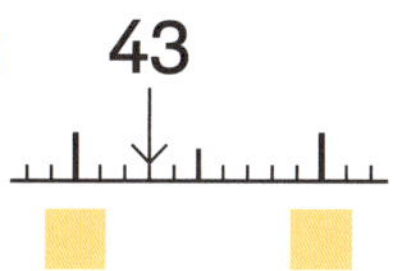

c)

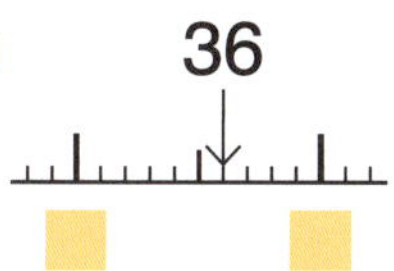

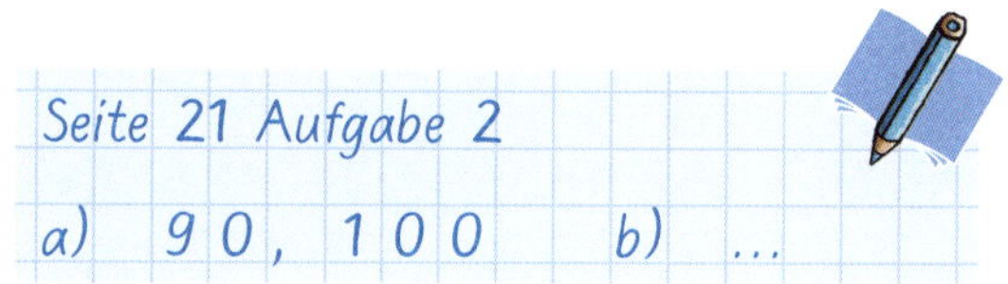

d)

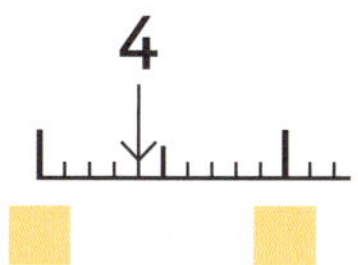

e)

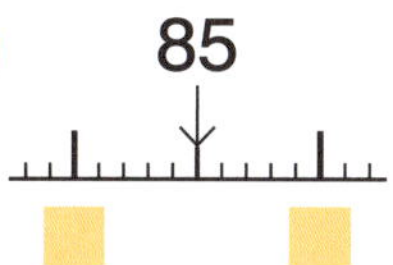

f)

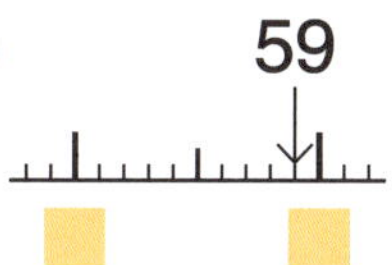

g)

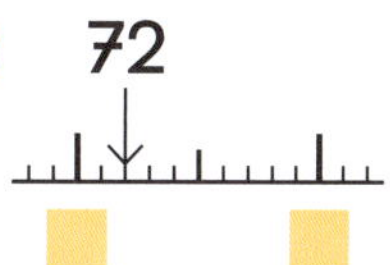

h)

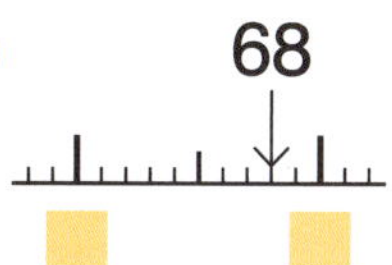

3 Zeichne mit dem Lineal einen Zahlenstrahl in dein Heft.
Dieser Zahlenstrahl hat nur für die 0 und die 100 einen Strich.
Trage in dein Heft ein, wo diese Zahlen ungefähr stehen.

a) 50, 38, 71, 83, 2

b) 25, 52, 98, 5, 75

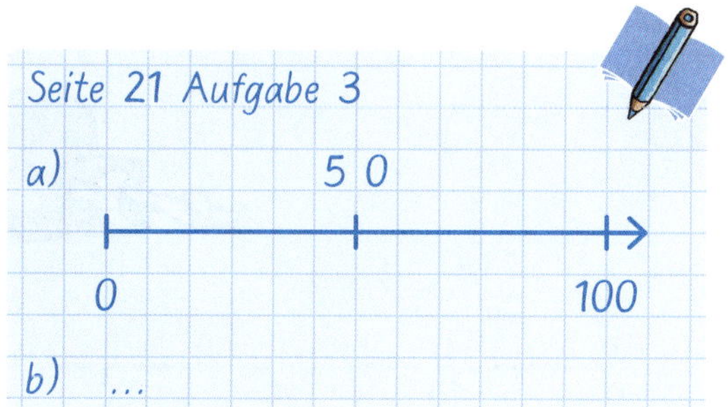

→ AH Seite 8

* nutzen den Zahlenstrahl als Struktur zur Orientierung und Zahlerfassung im Zahlenraum bis 100
* begründen Beziehungen zwischen Zahlen anhand des Zahlenstrahls

Vorgänger, Nachfolger und Nachbarzehner bestimmen

1 Suche dir ein anderes Kind.
Schreibe eine Zahl zwischen 0 und 100 auf. Dein Partner nennt dir den Vorgänger und Nachfolger und schreibt diese auf.

2 Bestimme Vorgänger und Nachfolger.

a) ■ 38 ■ b) ■ 75 ■
c) ■ 29 ■ d) ■ 94 ■

Seite 22 Aufgabe 2
a) 37, 38, 39 b) …

3 Welche Zahl liegt dazwischen?

a) 18 ■ 20 b) 56 ■ 58
c) 98 ■ 100 d) 41 ■ 43

Seite 22 Aufgabe 3
a) 18, 19, 20 b) …

4 Bestimme die beiden Nachbarzehner.

a) 57 b) 12 c) 35
d) 5 e) 93 f) 42

Seite 22 Aufgabe 4
a) 50, 57, 60 b) …

* entdecken und beschreiben Zahlbeziehungen mit eigenen Worten
* bearbeiten Aufgabenstellungen gemeinsam und verwenden geeignete Fachbegriffe und Anschauungsmodelle

1 Suche dir ein anderes Kind.
Wählt Zahlen zwischen 0 und 100 aus.
Rollt einen Ball hin und her.

a) Zählt dabei von eurer Zahl aus abwechselnd laut vorwärts.

b) Zählt dabei von eurer Zahl aus abwechselnd laut rückwärts.

2 Ergänze die Zahlenfolgen und schreibe sie auf.

a) 34 ■ ■ 37 ■ ■ 40
b) 61 ■ ■ 58 ■ ■ 55
c) ■ ■ ■ 70 ■ ■ 67
d) 27 ■ ■ 30 ■ ■ ■
e) 72 ■ ■ ■ 68 ■ ■ ■ 64 ■ ■ 61
f) 99 ■ ■ ■ ■ 94 ■ ■ ■ ■ ■ 88
g) ■ ■ ■ ■ 65 ■ ■ ■ 61 ■ ■ 58
h) ■ ■ ■ 40 ■ ■ ■ 44 ■ ■ ■ 48

Seite 23 Aufgabe 2
a) 34, 35, 36, 37, 38, 39, 40
b) ...

3 Schreibe auf, welche Zahlenfolgen zueinander passen.

A 23 25 27 29 31

C 44 46 48 50 52

B 40 45 50 55 60

D 43 41 39 37 35

E 14 12 10 8 6

F 15 20 25 30 35

Seite 23 Aufgabe 3
A und C, ...

* erkennen Strukturen von Reihen und setzen sie fort
* stellen Vermutungen über Zusammenhänge an und überprüfen diese
* orientieren sich im Zahlenraum durch flexibles Zählen in Schritten

Zahlenfolgen erkennen und fortsetzen

1 Ergänze die Zahlenfolgen und schreibe sie auf.
Überlege zuerst, wie du von einer Zahl zur nächsten kommst.

a)	24	26	28			34				
b)	64	62	60			54				
c)				52			58			64
d)	23	33	43						103	113
e)	92	82	72							2
f)	15	20	25							60
g)	70	65	60							25
h)										
i)										

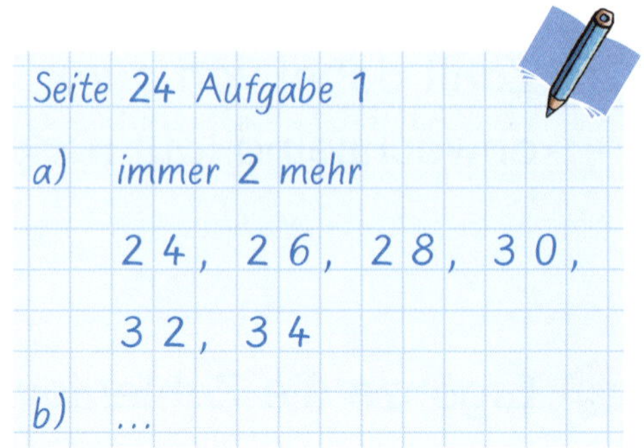

k) Beschreibe einem anderen Kind, wie du beim Ergänzen der Zahlenfolgen vorgegangen bist.

2 Suche dir ein anderes Kind. Schreibt beide abwechselnd den Anfang einer Zahlenfolge auf. Das Partnerkind muss diese dann fortsetzen.

3 Überlege, wie viele Zahlen du vorgeben musst, damit dein Partner die Folge fortsetzen kann.

* stellen Vermutungen über Zusammenhänge an
* bestätigen oder widerlegen ihre Vermutungen anhand von Beispielen
* bearbeiten Aufgaben gemeinsam und setzen eigene und fremde Standpunkte in Beziehung

1 Suche dir ein anderes Kind. Jeder von euch zeichnet eine Stellenwerttafel in sein Heft.

Seite 25 Aufgabe 1

Z | E
... | ...

Würfelt abwechselnd mit 2 Würfeln. Jeder würfelt insgesamt 6-mal. Tragt die Werte der gewürfelten Zahlen in die Stellenwerttafel ein. Findet dann in euren Stellenwerttafeln die größte Zahl und markiert sie. Gewonnen hat der, in dessen Stellenwerttafel die höchste Zahl steht.

2 Besprich mit einem anderen Kind, wie ihr jeweils beim Eintragen vorgegangen seid.

3 Welche Zahlen musst du würfeln, um zu gewinnen?

Seite 25 Aufgabe 3

...

4 Welche Zahlen musst du würfeln, wenn die kleinste Zahl gewinnt?

Seite 25 Aufgabe 4

...

* stellen Vermutungen über Zusammenhänge an
* bestätigen oder widerlegen ihre Vermutungen anhand von Beispielen
* bearbeiten Aufgaben gemeinsam und setzen eigene und fremde Standpunkte in Beziehung

1 Suche dir ein anderes Kind. Schreibt zwei Zahlen auf zwei Zettel. Vergleicht die Zahlen. Verwendet Zettel mit <, > und =.

2 Setze die Zeichen <, > oder = passend ein.

a) 26 ● 28   b) 86 ● 92
c) 32 ● 41   d) 57 ● 57
e) 13 ● 27   f) 42 ● 54

Seite 26 Aufgabe 2
a) 26 < 28   b) ...

3 Setze passende Zahlen ein und schreibe sie auf.

a) 34 < ■   b) 48 > ■   c) 52 > ■
d) 81 < ■   e) 76 < ■   f) 99 < ■

Seite 26 Aufgabe 3
a) 34 < ...   b) ...

4 Ordne die Zahlen der Größe nach.
Beginne mit der kleinsten Zahl.

a) 75 56 35 83 42 28

b) 21 47 34 86 68 72

Beginne mit der größten Zahl.

c) 17 91 69 81 34 48

d) 31 45 97 86 52 64

Seite 26 Aufgabe 4
a) 28 < 35 < ...
b) ...
c) 91 > ...
d) ...

* erklären Beziehungen an Beispielen und vollziehen Begründungen anderer nach
* orientieren sich im Zahlenraum bis 100 durch Ordnen und Vergleichen
* bearbeiten Aufgaben gemeinsam und setzen eigene und fremde Standpunkte in Beziehung

→ AH Seite 9

1 Schreibe immer die kleinste Zahl auf.

a) 65 16 36 72

b) 84 28 48 13

c) 14 34 41 43

d) 28 36 45 95

e) 34 45 54 43

f) 68 78 28 58

g) 56 59 58 57

h) 27 23 72 32

Seite 27 Aufgabe 1
a) 16 b) ...

2 Schreibe immer die größte Zahl auf.

a) 75 27 47 83

b) 95 39 59 24

c) 25 35 52 53

d) 18 26 35 82

e) 64 45 54 46

f) 78 98 38 68

g) 46 47 45 48

h) 23 72 27 32

Seite 27 Aufgabe 2
a) 83 b) ...

3 Schreibe die passenden Zahlen in dein Heft.

a)

< 20 kleiner als 20			
12	31	22	11
41	13	9	21
18	81	56	19

b)

> 35 größer als 35			
45	25	28	53
38	43	44	37
40	33	10	61

Seite 27 Aufgabe 3
a) 9, ... b) ...

c)

< 50 kleiner als 50			
25	46	48	65
39	51	72	27
61	28	49	44

d)

> 80 größer als 80			
18	61	69	99
81	95	83	91
88	79	58	78

e)

< 65 kleiner als 65			
60	70	80	90
69	59	64	66
71	68	67	48

* orientieren sich im Zahlenraum bis 100 durch Ordnen und Vergleichen

1. Schreibe auf, welche Plätze bereits belegt sind.

Seite 28 Aufgabe 1
belegte Plätze: 1. Reihe: 9. Platz, ...
2. Reihe: ...

2. Schreibe auf, wie viele Stühle noch fehlen.

a) in der 7. Reihe

b) in der 8. Reihe

c) in der 9. Reihe

d) in der 10. Reihe

Seite 28 Aufgabe 2
a) 7. Reihe: 3 b) ...

* übertragen ihre bisherigen Kenntnisse über Ordnungszahlen in den erweiterten Zahlenraum
* übersetzen Problemstellungen aus Sachsituationen in die Sprache der Mathematik

Große Zahlen halbieren

1 Suche dir ein anderes Kind.
Wählt mehrere Zahlen zwischen 1 und 100 aus.
Legt die Zahlen. Versucht, die Zahlen zu halbieren.

2 Versuche, die Zahlen in zwei gleiche Teile zu zerlegen.
Schreibe dein Ergebnis auf.

a) 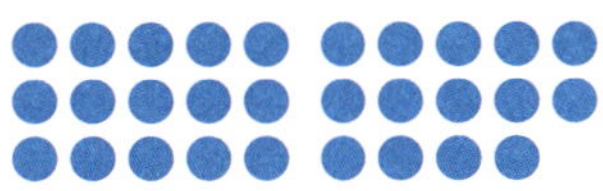

Seite 29 Aufgabe 2
a) 29 = 15 + 14 29 kann man nicht halbieren.
b) ...

b) 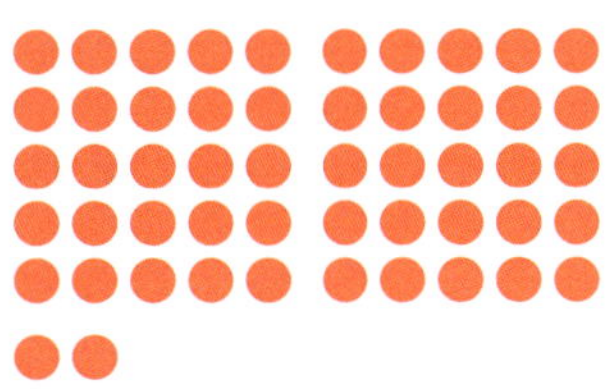

c) 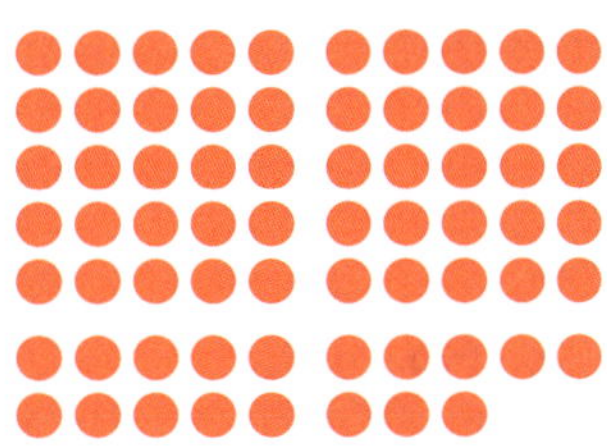

d) 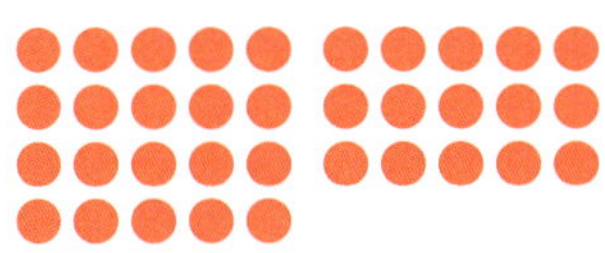

e) 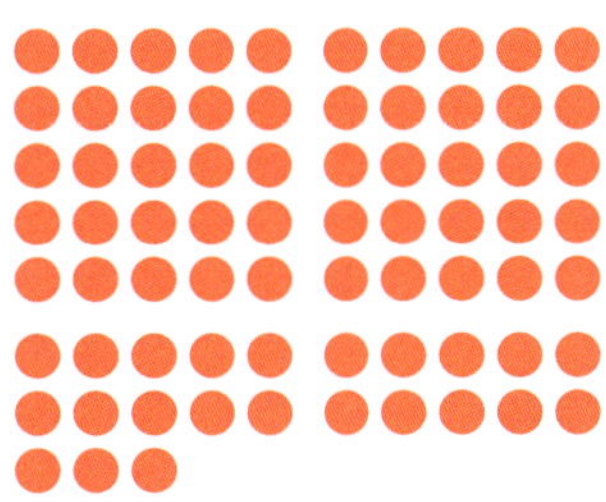

f) 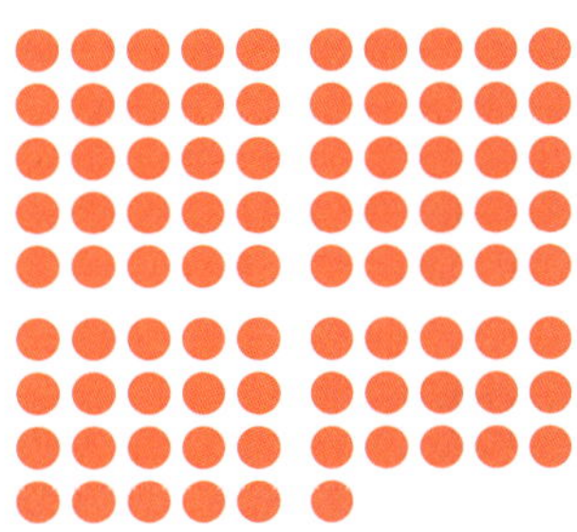

g) 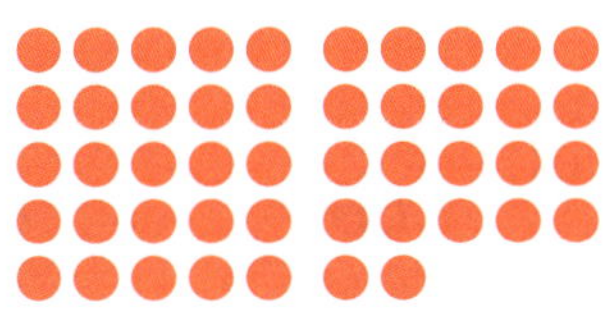

Gerade und ungerade Zahlen erkennen

33 ist eine **ungerade Zahl**.

34 ist eine **gerade Zahl**.

1 Ordne nach geraden und ungeraden Zahlen.

a) 11 17 15 16 14 18

Seite 30 Aufgabe 1
a) gerade Zahlen: 14, 16, 18
ungerade Zahlen: 11, 15, 17
b) ...

b) 22 23 29 21 20 24

c) 31 33 38 35 34 30

d) 41 43 45 48 46 40

e) 52 58 50 57 59 56

f) 62 67 63 61 69 64

g) 76 71 75 79 73 74

h) 89 85 84 81 82 86

i) 93 97 91 98 90 92

* stellen Vermutungen über mathematische Zusammenhänge an
* erklären Beziehungen und Gesetzmäßigkeiten an Beispielen und vollziehen Begründungen anderer nach
* überprüfen Vermutungen anhand von Beispielen

Hausnummern notieren

1. Notiere die Hausnummern von folgenden Gebäuden:

   A Bäckerei
   B Blumenladen
   C Metzgerei

Seite 31 Aufgabe 1
A: 63 B: ... C: ...

2. Schreibe die Hausnummern der linken und der rechten Seite auf. Setze fort.

Seite 31 Aufgabe 2
linke Straßenseite: 61, 63, ...
rechte Straßenseite: 60, 62, ...

3. Ordne folgende Hausnummern der rechten oder linken Straßenseite zu.

   Rechte Straßenseite: gerade Zahlen
   Linke Straßenseite: ungerade Zahlen

Seite 31 Aufgabe 3
rechte Straßenseite: 18, ...
linke Straßenseite: 1, ...

* beziehen Erkenntnisse und Ergebnisse auf eine Sach- bzw. Alltagssituation

1 Ergänze die folgenden Sätze.

a) Im Schwimmerbecken sind ■ Personen.

b) Vor der Rutsche warten ■ Kinder.

c) Auf Tims Eiswaffel sind ■ Kugeln Eis.

d) Am Sonntag öffnet das Freibad um ■ Uhr.

e) Auf der Wiese spielen ■ Kinder Fußball.

f) Eine Kugel Eis kostet ■ Euro.

g) Der Bademeister trägt eine ■ Hose.

Seite 32 Aufgabe 1
a) 5 Personen
b) … Kinder
c) …

2 Schreibe auf, was du noch auf dem Bild entdeckst.

Seite 32 Aufgabe 2
…

3 Überlege mit einem anderen Kind, welche Tageszeit das Bild zeigt und wie viele Kinder das Freibad wohl an einem Tag besuchen. Begründet eure Vermutung.

* entnehmen Informationen aus Bildern und unterscheiden zwischen relevanten und nicht relevanten Informationen
* ziehen relevante Informationen zur Beantwortung von mathematisch sinnvollen Fragen heran
* finden mathematische Lösungen zu Sachsituationen

→ AH Seite 10

Einer Tabelle Informationen entnehmen

Ausleihe in der Klassenbücherei der Klasse 2a:

Klasse 2a	Sachbücher	Tiergeschichten	Abenteuergeschichten
1. Halbjahr	9	15	12
2. Halbjahr	17	7	16
insgesamt	26	22	28

1 Schreibe Informationen auf, die du in der Tabelle entdeckst.

Seite 33 Aufgabe 1
a) Im 1. Halbjahr wurden 9 Sachbücher ausgeliehen.
b) …

2 Vergleiche die Ausleihen im 1. und im 2. Halbjahr. Was findest du heraus? Schreibe es auf. Verwende immer „… mehr als …“ und „… weniger als …“.

Seite 33 Aufgabe 2
a) Im 2. Halbjahr wurden 8 Sachbücher mehr ausgeliehen als im 1. Halbjahr.
b) …

3 Ergänze die Aussagen.
Schreibe als Antwort immer einen ganzen Satz.

a) Im 1. Halbjahr wurden 8 Sachbücher weniger ausgeliehen als …

b) Im 2. Halbjahr wurden 4 … mehr ausgeliehen als im 1. Halbjahr

c) Im ganzen Jahr wurden 6 … mehr ausgeliehen als …

Seite 33 Aufgabe 3
a) Im 1. Halbjahr wurden 8 Sachbücher weniger ausgeliehen als …
b) …

4 Finde eine eigene Frage zu der Tabelle.
Beantworte sie in einem Satz.

Seite 33 Aufgabe 4
…

⋆ entnehmen einer Tabelle relevante Informationen
⋆ ziehen relevante Informationen zur Beantwortung von mathematisch sinnvollen Fragen heran

1 In dem Säulendiagramm kannst du viele Informationen ablesen. Ergänze die folgenden Sätze.

a) Die meisten Kinder sind ▢ Jahre alt.

b) Das beliebteste Hobby ist …

c) In der Klasse sind ▢ Mädchen.

d) Die wenigsten Kinder haben … Augen.

e) Es gibt mehr Kinder mit … Haaren als mit … Haaren.

Seite 34 Aufgabe 1
a) 7 Jahre alt
b) …

2 Schreibe weitere Informationen auf, die du dem Säulendiagramm entnehmen kannst.

Seite 34 Aufgabe 2
…

* entnehmen einem Säulendiagramm relevante Informationen
* ziehen relevante Informationen zur Beantwortung von mathematisch sinnvollen Fragen heran
* erklären Beziehungen zwischen den relevanten Informationen an selbstgewählten Beispielen

Informationen aus Texten entnehmen

In der Klasse 2a
sind 27 Kinder.
In der Klasse 2b
sind es 28.

In der Pause essen von 55 Kindern 15 Kinder Obst.
18 Kinder essen Brote und 10 Kinder essen
Müsli-Riegel. Die anderen Kinder essen nichts.

Am Sporttag der 2. Klassen gehen 15 Kinder ins Freibad
und 17 Kinder auf den Sportplatz. 18 Kinder gehen
zum Turnen in die Sporthalle. Einige Kinder sind krank.

1 Auf welchem Zettel findest du die passenden Informationen?
Notiere die Farbe des Zettels, auf dem du die Information findest.

a) In der Klasse 2a sind 27 Kinder.

b) 15 Kinder essen in der Pause Obst.

c) 18 Kinder essen in der Pause Brote.

d) Am Sporttag gehen 18 Kinder zum Turnen in die Turnhalle.

e) In der Klasse 2b sind 28 Kinder.

f) Einige Kinder essen in der Pause nichts.

Seite 35 Aufgabe 1
a) Rot b) ...

2 Auf den Zetteln findest du weitere Informationen.
Ergänze die Aussagen.

a) Auf dem roten Zettel:
In der Klasse 2b sind ■ Kinder.
In der Klasse 2a sind ■ Kinder.

b) Auf dem blauen Zettel:
In der Pause essen ■ Kinder Müsli-Riegel.
■ Kinder essen Brote.

c) Auf dem gelben Zettel:
Am Sporttag gehen ■ Kinder auf den Sportplatz.
Am Sporttag gehen ■ Kinder ins Freibad.

Seite 35 Aufgabe 2
a) 28, 27
b) ...

→ AH Seite 11

★ entnehmen in Textform dargestellten Beschreibungen relevante Informationen
★ beziehen relevante Informationen und vorgegebene Aussagen aufeinander

Informationen den passenden Fragestellungen zuordnen

1 Ordne die Fragen den Kindern zu.
Ergänze dann die Sätze.

a) Wer hat 10 € geschenkt bekommen?
Zuvor hatte sie ▢ Euro.

Seite 36 Aufgabe 1
a) Lea: Zuvor hatte sie 30 Euro.
b) ...

b) Wer hat jetzt 40 Tierpostkarten?
Vor einem Monat waren es ▢.

c) Wer braucht für den Schulweg 15 Minuten?
Wenn das Kind sich beeilt, benötigt es ▢ Minuten für den Schulweg.

d) Wer hat bei einem Fußballturnier in 5 Spielen mitgespielt?
Bei ▢ Spielen war das Kind nicht dabei.

e) Welches Kind hat bereits 30 Sticker gesammelt?
Insgesamt gibt es ▢ verschiedene Sticker.

f) Welches Kind darf zum Kindergeburtstag 8 Kinder einladen?
Im letzten Jahr durfte es ▢ Kinder einladen.

⋆ entnehmen in Textform dargestellten Beschreibungen relevante Informationen
⋆ beziehen relevante Informationen und vorgegebene Aussagen aufeinander

Geometrische Flächenformen benennen

1 Hier siehst du das Gemälde „Burg und Sonne“ von Paul Klee.

a) Betrachte zusammen mit einem Partner das Bild. Welche Formen entdeckt ihr?

b) Du kannst selbst ein Bild wie Paul Klee gestalten.

2 Wie viele Dreiecke siehst du? Zähle.

a) 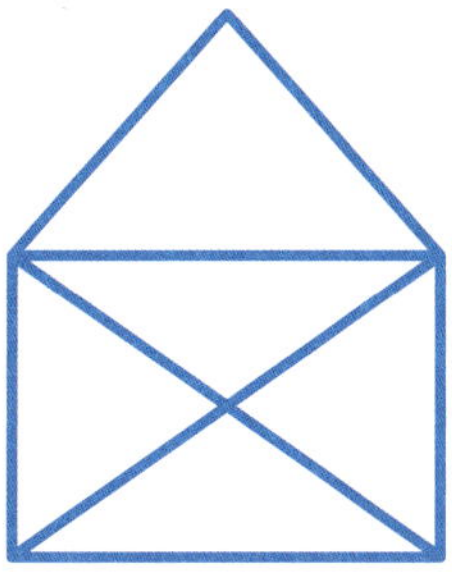

b) 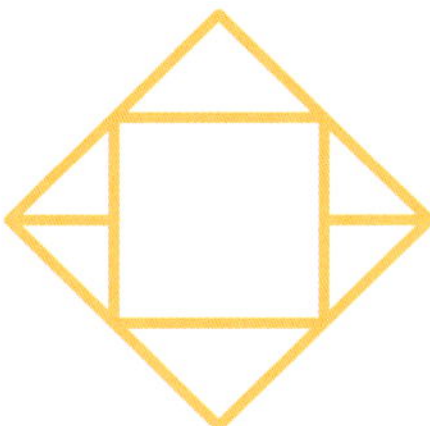

c) 

Seite 37 Aufgabe 2
a) 9 b) ...

3 Wie viele Quadrate siehst du? Zähle.

a) 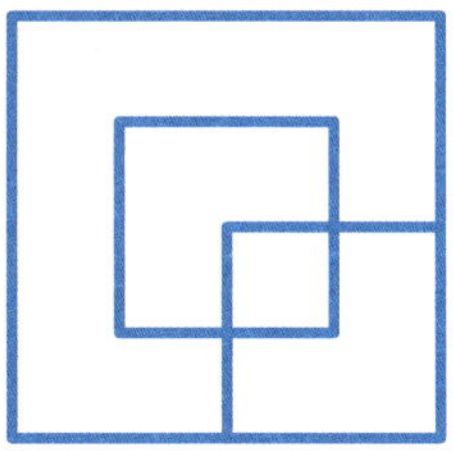

b) 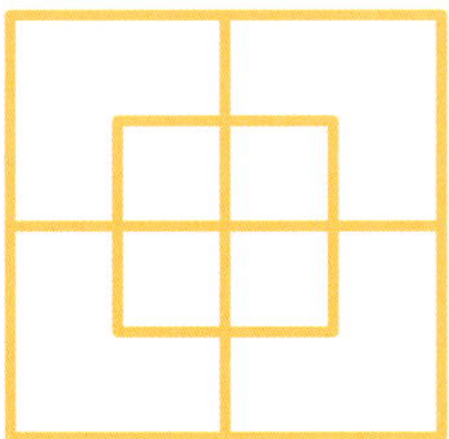

c) 

Seite 37 Aufgabe 3
a) 4 b) ...

4 Wie viele Quadrate und wie viele Dreiecke siehst du? Zähle.

a) 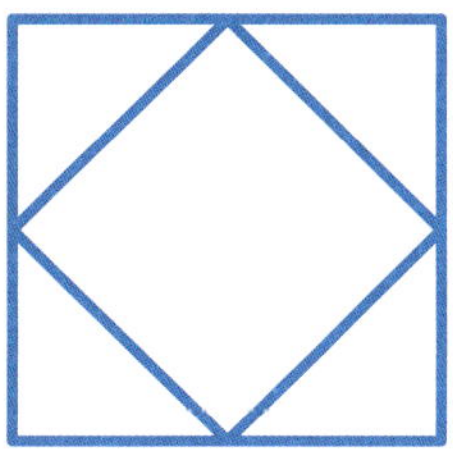

b) 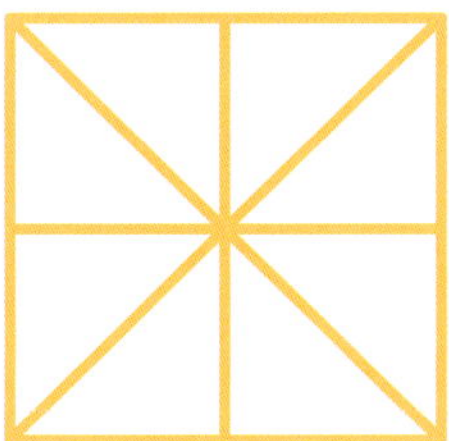

c) 

Seite 37 Aufgabe 4
a) 4 Dreiecke, 2 Quadrate
b) ...

1 Zeichne die Figuren.
Du darfst den Stift dabei nicht absetzen.
Du darfst keine Linie zweimal zeichnen.

Tipp: Zeichne die Figuren erst dann, wenn du die Lösung gefunden hast.

a)
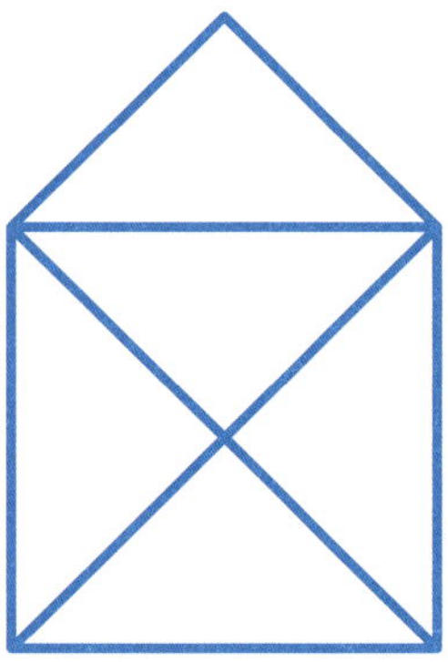

b)

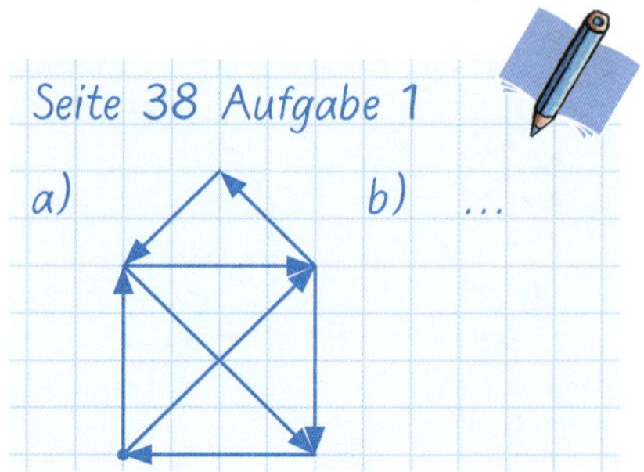

c)
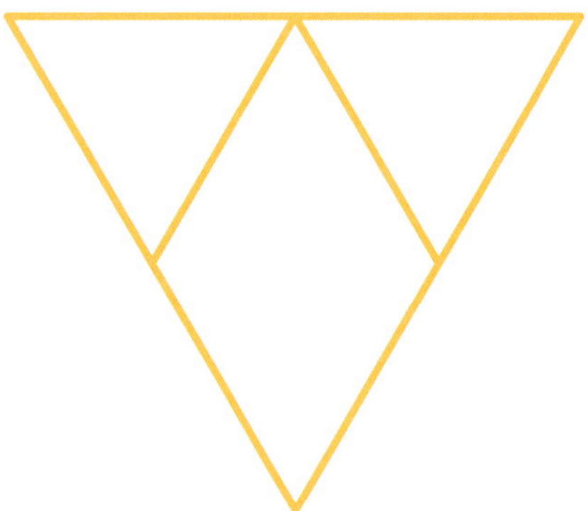

d)
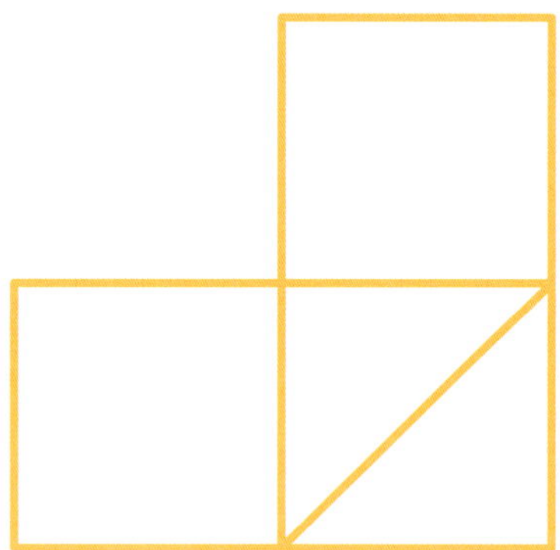

e)
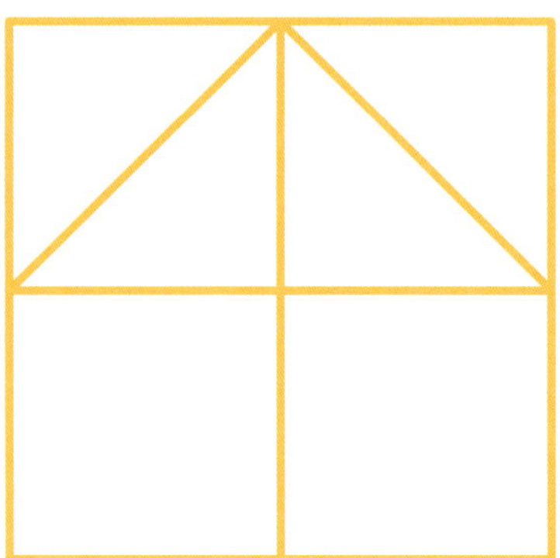

f)
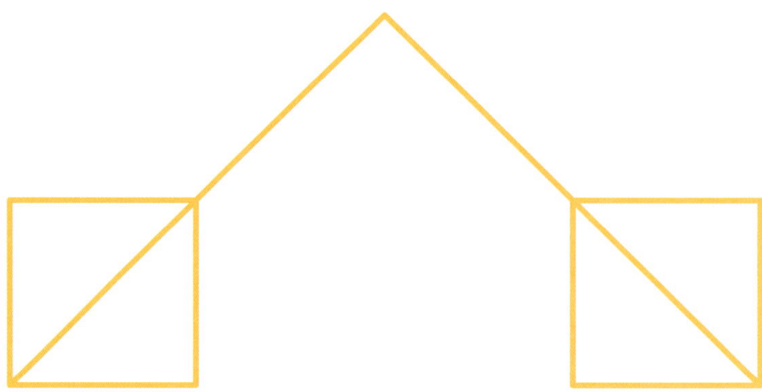

* zeichnen ebene Figuren frei
* probieren zunehmend systematisch und zielorientiert

Muster nachzeichnen

1 Wähle mindestens 1 Muster aus und zeichne es in dein Heft.

a) Muster aus Dreiecken

b) Muster aus Rechtecken

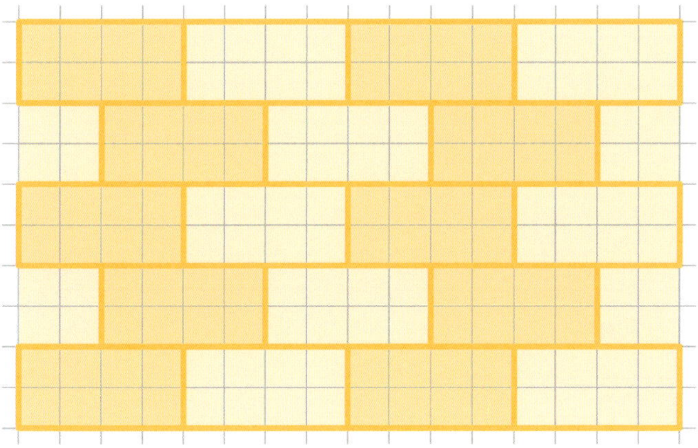

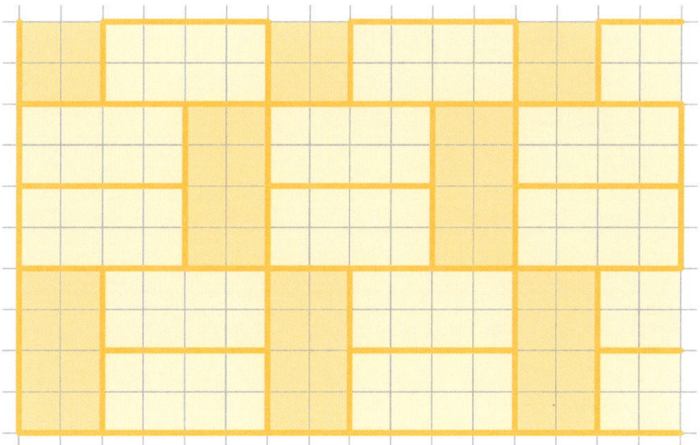

c) Muster aus Quadraten

2 Zeichne eigene Muster in dein Heft.
Verwende Dreiecke, Rechtecke und Quadrate.

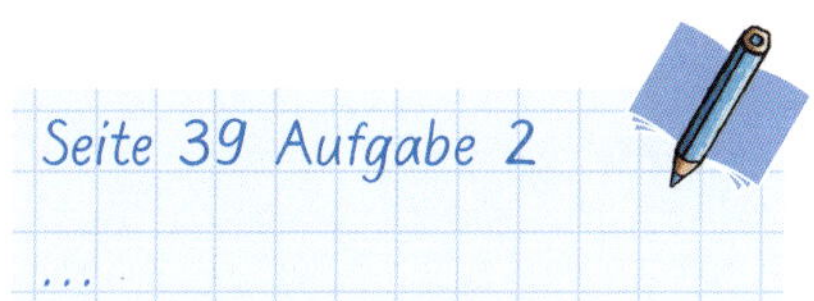

⋆ übertragen Muster und beschreiben sie
⋆ erfinden eigene Muster und nutzen dafür die Struktur des Gitterpapiers

Muster nachzeichnen und fortsetzen

1 Wähle mindestens ein Flächenmuster aus.
Zeichne das Muster auf Karopapier nach. Setze es fort.

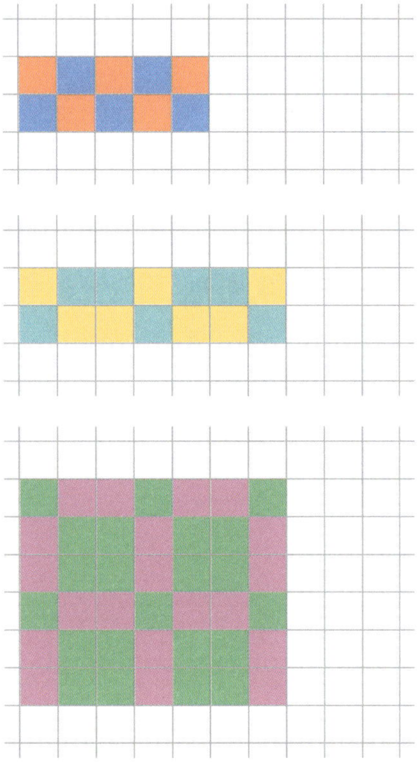

2 Wähle mindestens ein Strichmuster aus.
Zeichne es auf Karopapier nach. Setze es fort.

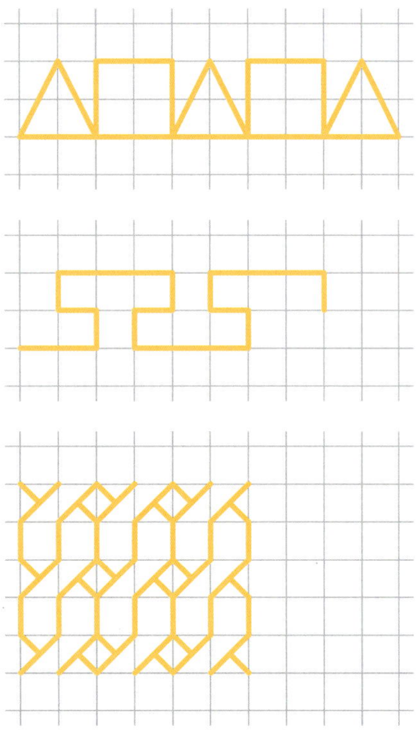

* bestimmen und beschreiben Gesetzmäßigkeiten in geometrischen Mustern und setzen diese fort

→ AH Seite 12

1 Zeichne mindestens zwei Reihen in dein Heft und setze sie fort.

a)
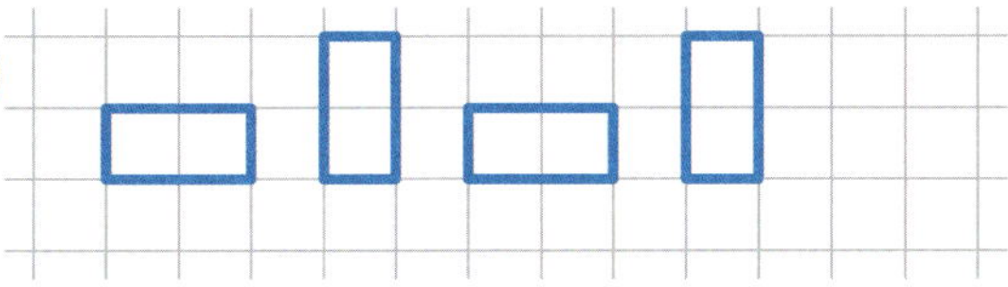

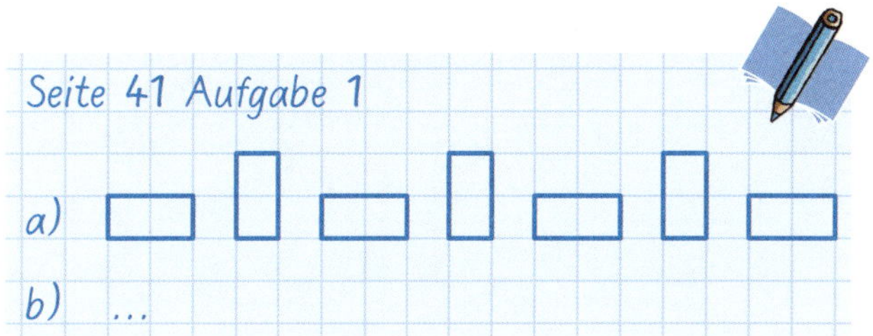

b)
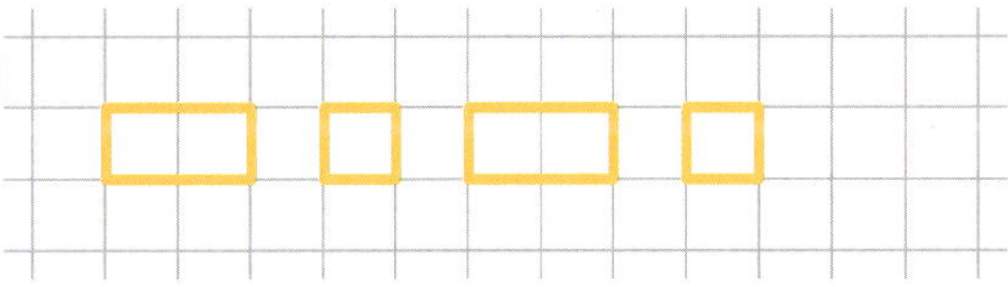

c)
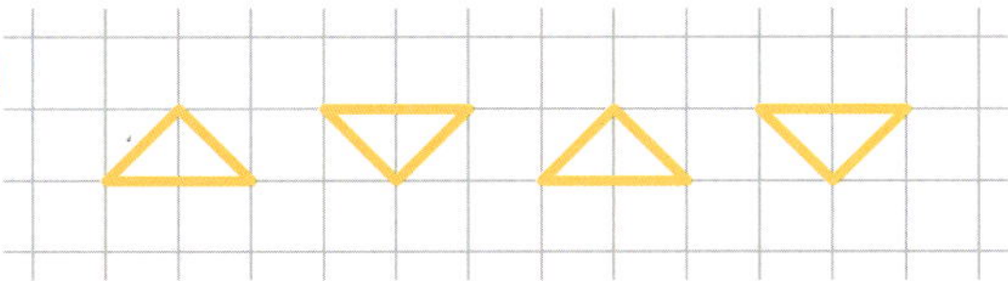

d)

e)
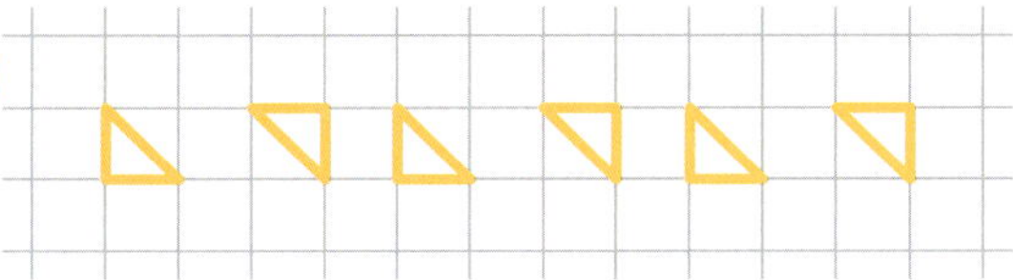

f)
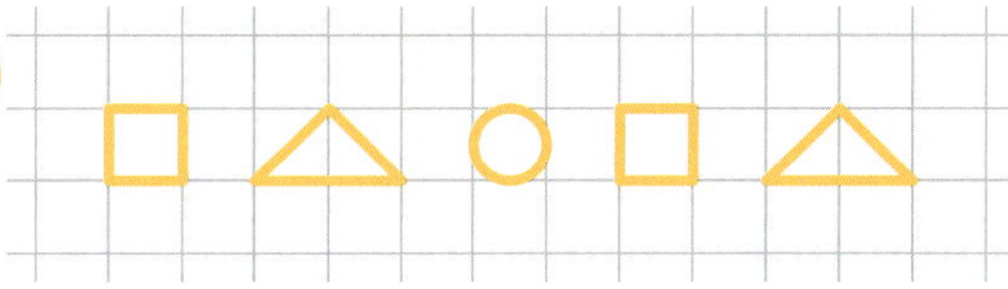

2 Finde heraus, welches Bild nicht in die Reihe passt.
Begründe deine Entscheidung einem anderen Kind.

a)

b)

c)

d)

e)
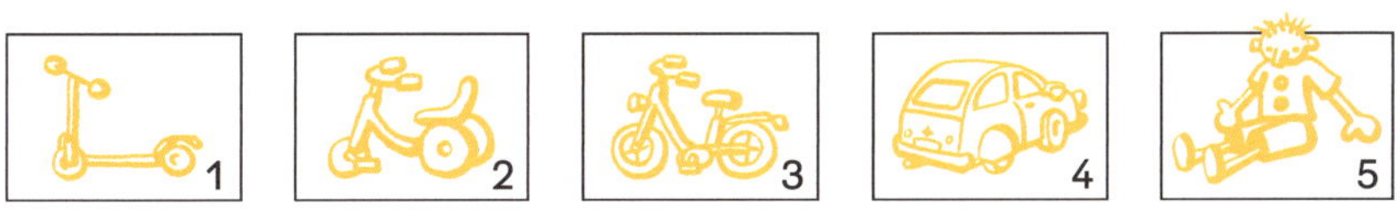

f)
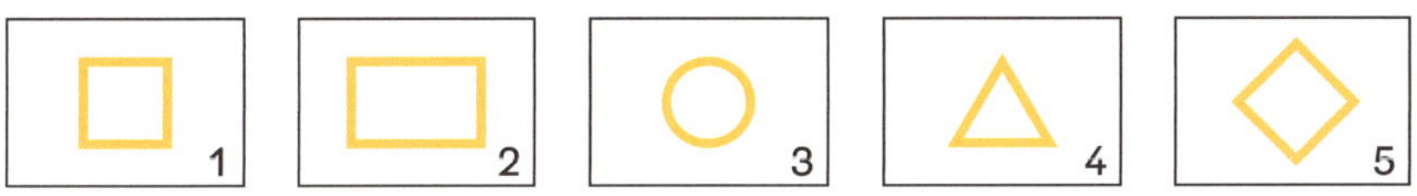

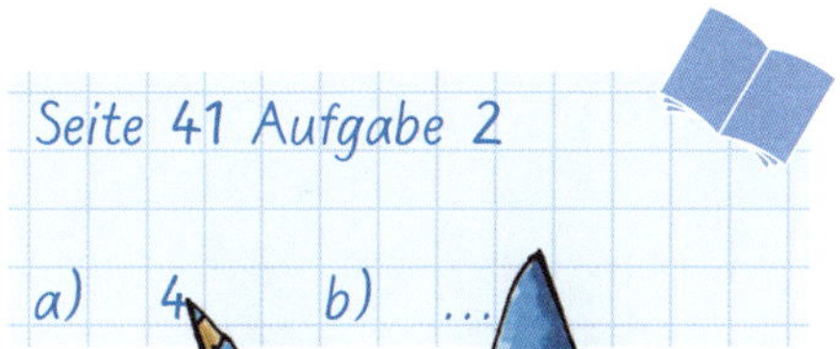

andere Reihenfolge

andere Art

keine Ecken

Linien kreuzen sich

* stellen Vermutungen über Zusammenhänge und Auffälligkeiten an
* testen Vermutungen anhand von Beispielen und hinterfragen, ob ihre Vermutung zutreffend ist

1 Setze die Reihen fort. Zeichne sie in dein Heft.

a) 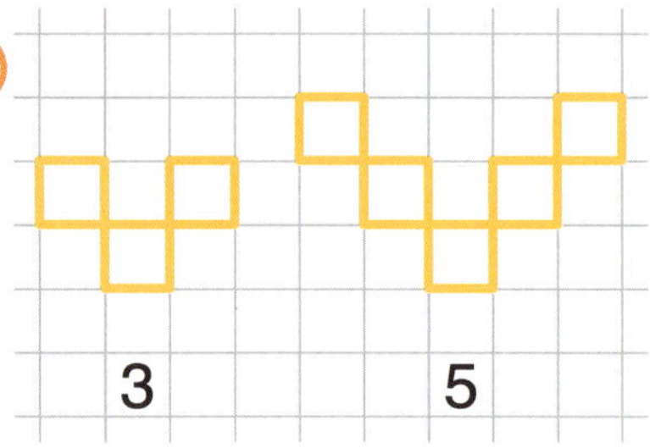

b) 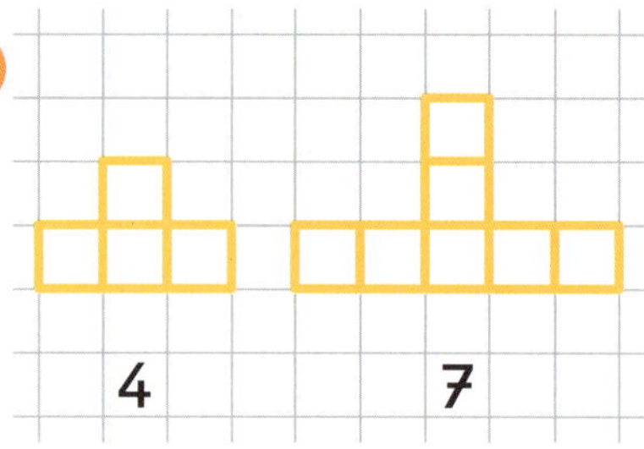

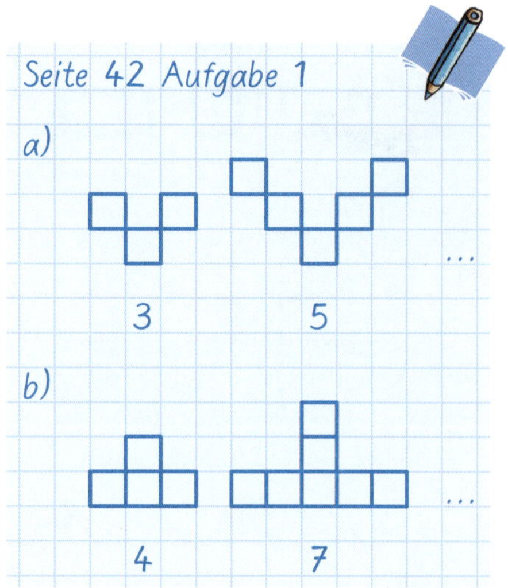

2 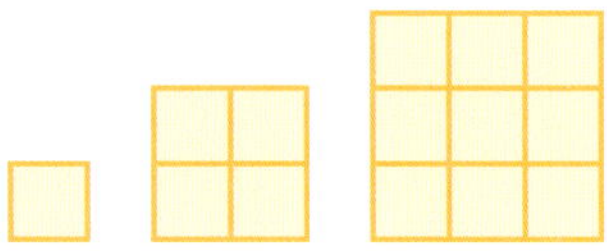

a) Bestimme im Kopf: Das 8. Bild hat ▢ Kästchen. Eine Skizze kann dir helfen.

b) Ole sagt: „Das 10. Bild hat genau 100 Kästchen.“
Überlege, ob Ole Recht hat. Besprich deine Überlegungen mit einem anderen Kind.

Seite 42 Aufgabe 2
...

3 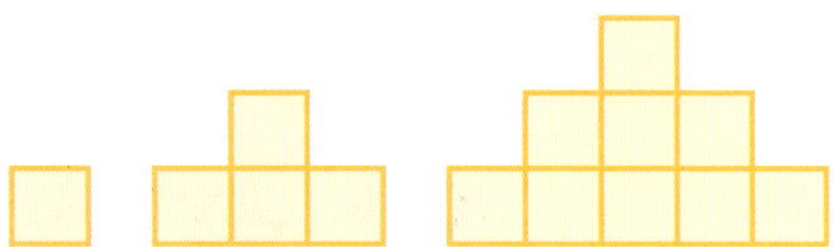

a) Bestimme im Kopf:
Das 8. Bild hat ▢ Kästchen.

Seite 42 Aufgabe 3
...

b) Tim sagt: „Das war ganz einfach.
Das wusste ich schon aus der Aufgabe 2.“
Überlege, wie Tim gezählt hat. Besprich deine Überlegungen mit einem anderen Kind.

4 Zeichne den Anfang einer eigenen Reihe.
Ein anderes Kind setzt deine Reihe fort.

Seite 42 Aufgabe 4
...

* hinterfragen mathematische Aussagen und prüfen diese auf Korrektheit
* erkennen mathematische Zusammenhänge und entwickeln Vermutungen
* suchen nach Begründungen und vollziehen diese nach

Wege und Richtungen beschreiben

1 Beschreibe, wie die Kinder gehen.
Zeichne Pfeile und beschreibe mit Worten:
→: rechts ←: links ↑: geradeaus:

a) ⟶ Tims Weg zu den Nashörnern
b) ⟶ Majas Weg zu den Kamelen
c) ⟶ Leas Weg zu den Nashörnern
d) ⟶ Toms Weg zu den Pinguinen

Seite 43 Aufgabe 1
a) Tims Weg: ↑←→→
geradeaus, links, rechts, rechts
b) Majas Weg: ...

2 Die Kinder sehen den Kiosk von unterschiedlichen Seiten.
Schreibe auf, bei welchen Buchstaben die Kinder stehen.

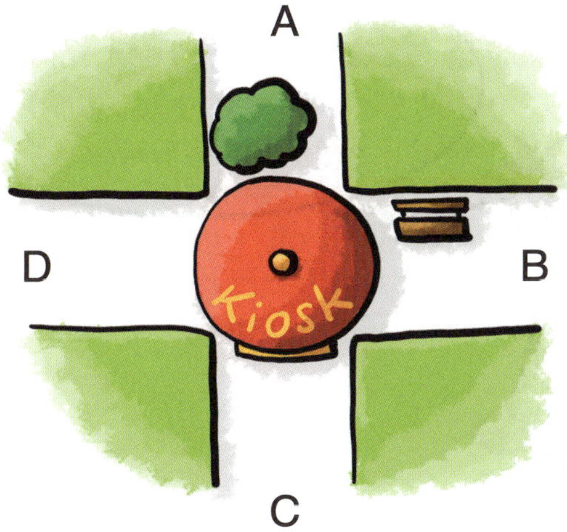

Tim sieht:

Seite 43 Aufgabe 2
Tim: B Lea: ...

Lea sieht:

Maja sieht:

Tom sieht:

Vor, hinter, neben, rechts, links beschreiben

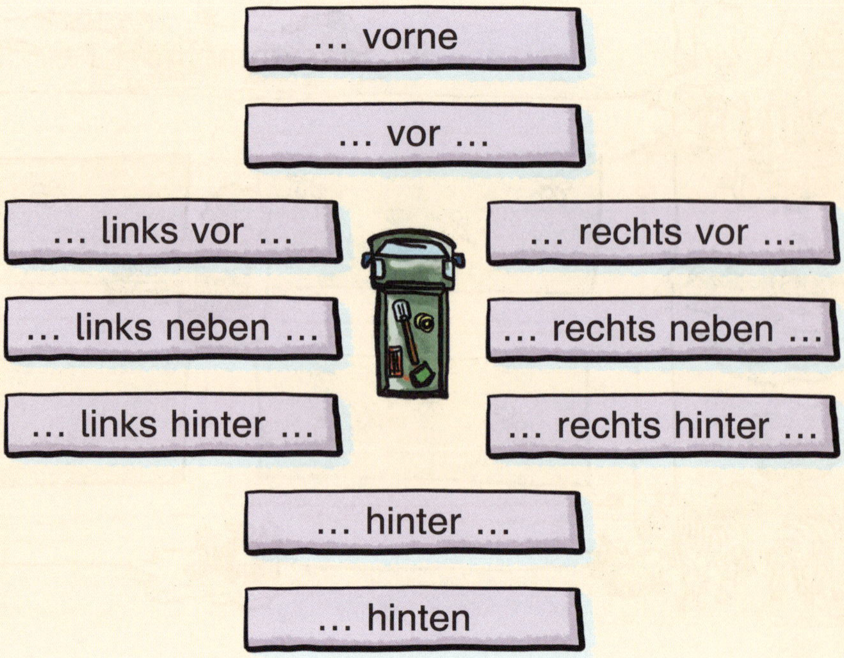

1 Trage passend ein.

a) 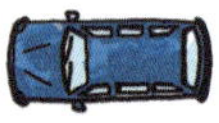 ist … 

b)  ist … 

c)  ist … 

d)  ist … 

e)  ist … 

f)  ist … 

g)  ist … 

Seite 44 Aufgabe 1
a) ist links vor
b) …

2 Suche dir ein anderes Kind.
Stellt 2 Autos unterschiedlich auf.
Beschreibt abwechselnd, wie sie stehen.

* nehmen praktisch und in der Vorstellung verschiedene Perspektiven ein, um Ansichten und Lagebeziehungen zu beschreiben
* bearbeiten Aufgabenstellungen gemeinsam und setzen eigene und fremde Standpunkte in Beziehung

1 Welche Figuren sind achsensymmetrisch? Schreibe es auf.

Seite 45 Aufgabe 1
A, ...

A

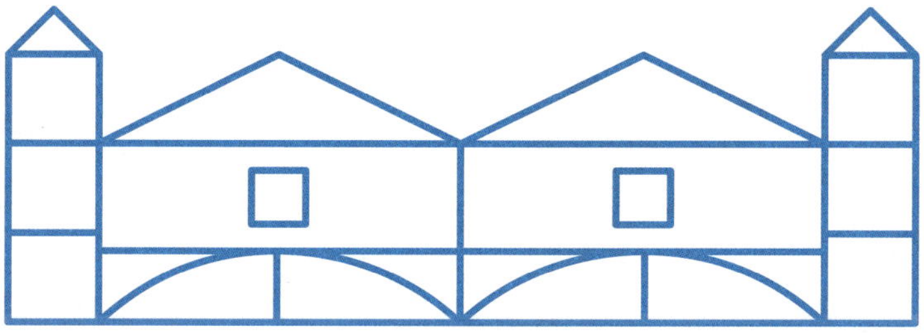

B

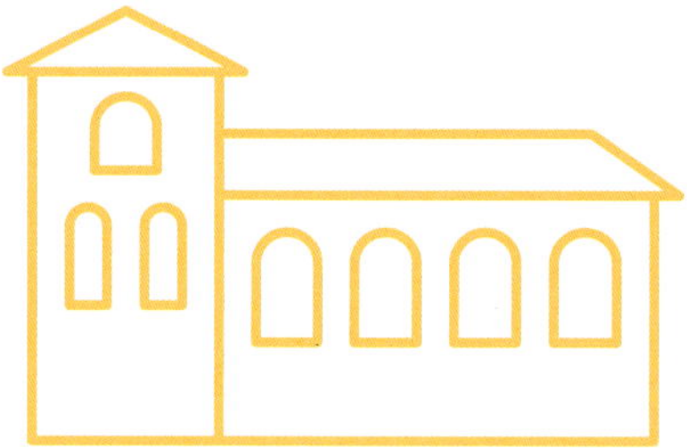

C

D

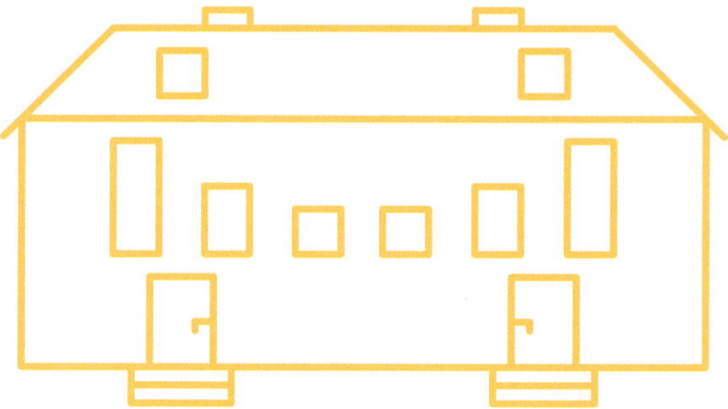

E

2 Welche Figuren sind achsensymmetrisch, welche nicht?
Begründe deine Entscheidung.

Seite 45 Aufgabe 2
A, ...

A

B

C

D

E

F

* überprüfen komplexe ebene Figuren auf Achsensymmetrie
* stellen Vermutungen über Auffälligkeiten an
* bestätigen oder widerlegen ihre Vermutungen

1 Immer zwei Bilder sind Spiegelbilder. Ordne die Spiegelbilder richtig zu.

Seite 46 Aufgabe 1
a) A – 2, …
b) …

a) A

1

B

2

C

3

D

4

b) E

5

F

6

* erkennen mathematische Zusammenhänge
* entwickeln und nutzen Lösungsstrategien

1 Immer zwei Hälften ergeben ein Spiegelbild. Ordne die Hälften richtig zu.

A
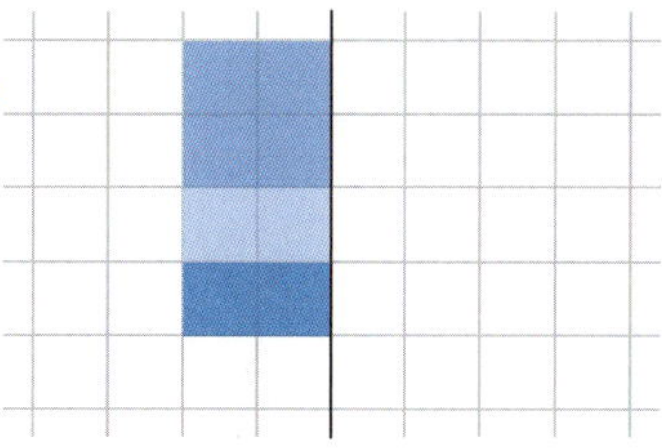
B
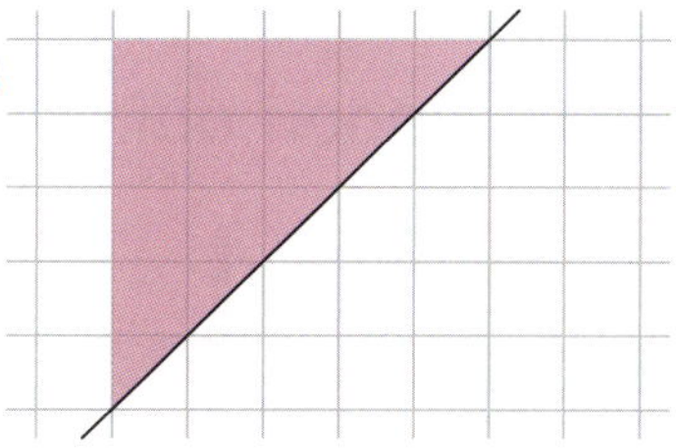

Seite 47 Aufgabe 1
A – 4, …

C
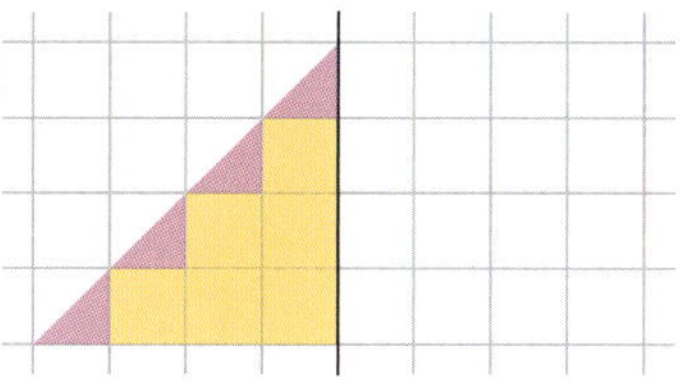
D
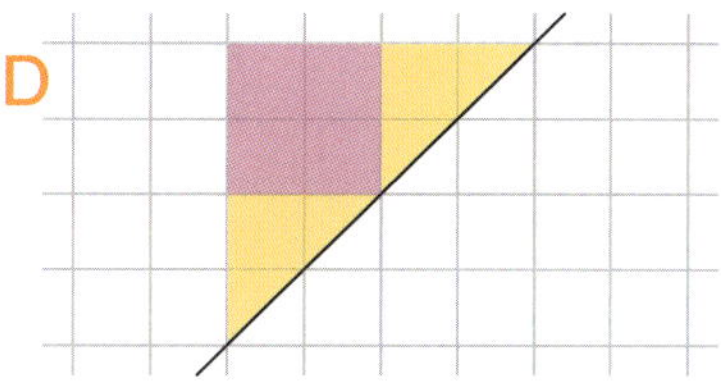
E
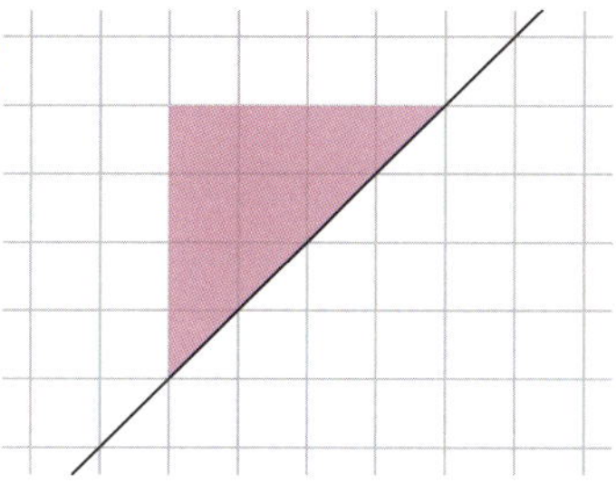
F

G
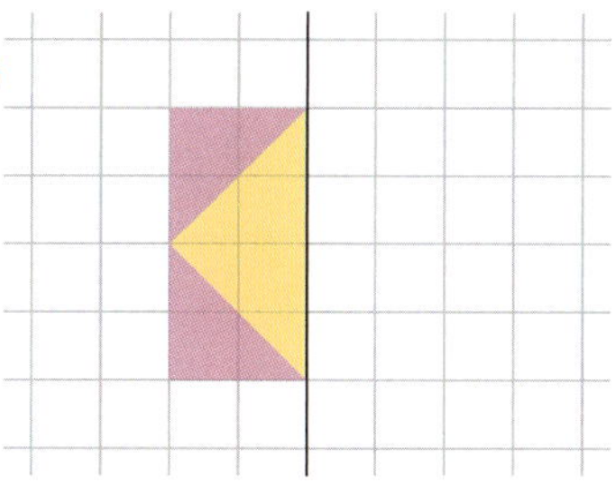
H
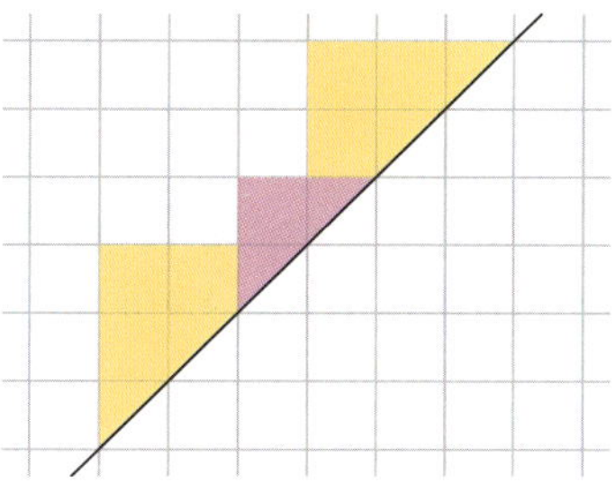
I
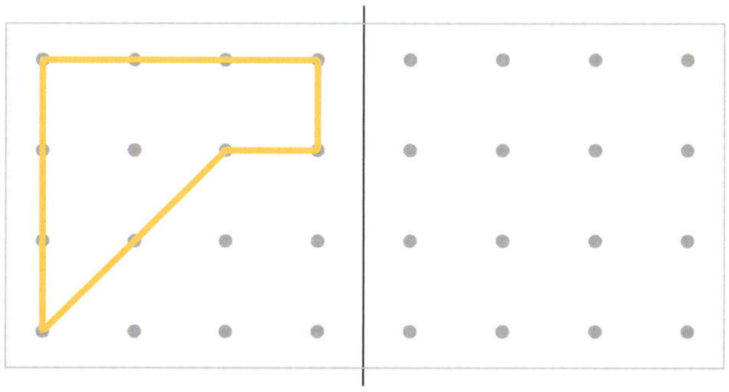
K
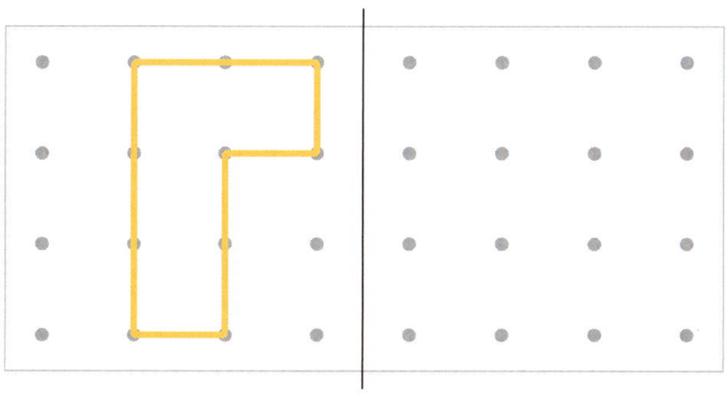

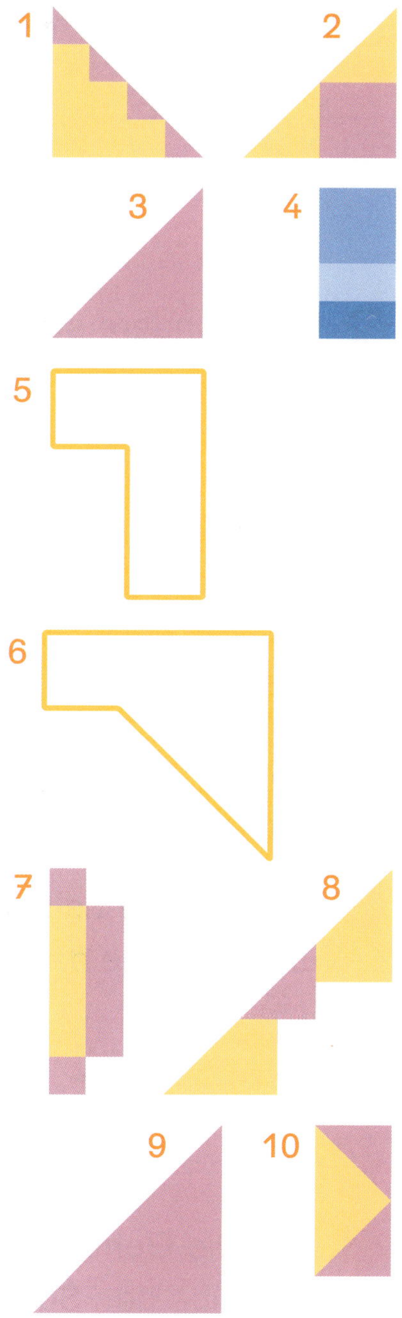

→ AH Seite 13

* überprüfen komplexe ebene Figuren auf Achsensymmetrie
* stellen Vermutungen über Auffälligkeiten an
* bestätigen oder widerlegen ihre Vermutungen

1 Welche Buchstaben sind symmetrisch?
Überprüfe mit dem Spiegel.
Schreibe die symmetrischen Buchstaben auf.

Seite 48 Aufgabe 1
M, ...

M E A L

W V F I

2 Finde andere symmetrische Buchstaben.
Schreibe sie in dein Heft.

Seite 48 Aufgabe 2
...

3 Schreibe die Wörter in dein Heft. Zeichne die Spiegelachsen ein.

a) OTTO b) AHA c) OHO
d) HEXE e) OBOE f) IMI

Seite 48 Aufgabe 3
a) OT|TO b) ...

4 Ergänze die halben Wörter mit dem Spiegel
und schreibe den Satz in dein Heft.

Seite 48 Aufgabe 4
HEIKE ...

HEIKE HOB DIE HEXE HOCH

5 Lies die Geheimschrift mit Hilfe eines Spiegels.
Schreibe den Satz auf.

Seite 48 Aufgabe 5
...

Lieblingstier du hast.
ins Ohr, welches
Flüstere deiner Lehrerin

* überprüfen komplexe Buchstaben, Wörter und Texte auf Achsensymmetrie
* stellen Vermutungen über Auffälligkeiten an
* bestätigen oder widerlegen ihre Vermutungen